农作物育种态势研究丛书

Landscape of Oilseed Rape Molecular Breeding
Based on Global Patent and Literature Analysis

全球油菜分子育种技术发展态势研究

杨小薇 何 微 李 俊 林 巧 王晓梅 华 玮◎著

电子工业出版社
Publishing House of Electronics Industry
北京·BEIJING

内 容 简 介

本书以德温特创新索引（Derwent Innovations Index，DII）数据库为数据源，全面收集了全球涉及油菜分子育种的相关专利，系统分析了油菜分子育种领域专利的申请特征，比较分析了油菜分子育种领域专利申请的焦点和技术发展路线，深入阐述了油菜分子育种关键技术的专利演变规律，对油菜分子育种领域各类产业主体的竞争力进行了对比剖析，对该领域的新兴技术进行了遴选和预测，并对油菜分子育种领域的热点专题论文进行了态势分析。

本书对油菜领域的专业科研工作者和相关从业人员，甚至涉农相关行业人员，都具有较高的学习与参考价值；对未来油菜遗传育种、油菜基础研究及油菜产业发展的方向具有重要的指导意义。

本书适合政府科技管理部门、科研机构管理者及相关学科领域的研究人员阅读参考。

未经许可，不得以任何方式复制或抄袭本书之部分或全部内容。
版权所有，侵权必究。

图书在版编目（CIP）数据

全球油菜分子育种技术发展态势研究/杨小薇等著. —北京：电子工业出版社，2020.12
（农作物育种态势研究丛书）
ISBN 978-7-121-39477-5

Ⅰ. ①全… Ⅱ. ①杨… Ⅲ. ①油菜–遗传育种–研究 Ⅳ. ①S634.303.2

中国版本图书馆CIP数据核字（2020）第161045号

责任编辑：徐蔷薇　　文字编辑：赵　娜
印　　　刷：北京天宇星印刷厂
装　　　订：北京天宇星印刷厂
出版发行：电子工业出版社
　　　　　北京市海淀区万寿路173信箱　　邮编：100036
开　　本：720×1000　1/16　印张：13　字数：208千字
版　　次：2020年12月第1版
印　　次：2020年12月第1次印刷
定　　价：129.00元

凡所购买电子工业出版社图书有缺损问题，请向购买书店调换。若书店售缺，请与本社发行部联系，联系及邮购电话：（010）88254888，88258888。
质量投诉请发邮件至 zlts@phei.com.cn，盗版侵权举报请发邮件至 dbqq@phei.com.cn。
本书咨询联系方式：xuqw@phei.com.cn。

前 言

油菜作为中国主要食用油来源作物之一,其驯化、育种、种植及利用一直伴随着华夏文明的传承。油菜全身是宝,除油用外兼具菜用、观赏用、饲用、蜜用、茶用等多维度价值。赞誉油菜的诗赋也很多,清朝乾隆皇帝的"黄萼裳裳绿叶稠,千村欣卜榨新油。爱他生计资民用,不是闲花野草流"不仅描绘了一幅金黄色油菜花海的动人美景,而且让人联想到扑鼻而来的新榨菜籽油香气,可谓色香兼具,让人心旷神怡,后两句诗更是将油菜的价值推向了一个新的高度。

长期以来,白菜型油菜作为中国主要油用油菜被长期选择和种植。然而,白菜型油菜具有抗性差、产量低、产油率低、油品品质差等诸多缺点。20世纪30年代,甘蓝型油菜的引入加上油菜育种新技术的助推,才成就了如今高抗、高产、高品质的甘蓝型油菜,满足了中国人民不断增长的食用油用量及营养需求。随着分子生物学与作物遗传育种技术的不断发展与进步,油菜育种手段呈现多元化、快速发展趋势,全面开启了分子育种新时代。

专利属于知识产权的一部分,是一种无形的财产。1474年,威尼斯共和国最早实行专利制度。随后,专利制度在世界各国得到广泛认可及应用,极大地促进了国际交流合作和技术贸易。目前,中国的专利数量虽多,但存在专利质量差、可转化的高价值专利少、不同技术领域的专利发展不均衡等问题。此外,当今国际间的贸易战、经济战无不牵扯专利的保护和利用。

油菜育种，作为油菜产业链中极其重要的环节，极大地影响着中国的食用油安全，因此，针对油菜分子育种全球专利的分析显得尤为重要和迫切，本书在全面搜集油菜分子育种全球专利的基础上，通过大数据分析及比对，系统剖析了油菜分子育种在不同国家、不同时间的申请特征，阐明了国内外关键产业主体在油菜分子育种领域进行专利申请的焦点和技术发展路线，对油菜分子育种领域的主要国家、科研机构、企业的研发竞争力进行了对比，还对油菜分子育种领域的新兴技术进行了遴选和预测。此外，本书还从SCI发文的角度深入阐述了油菜分子育种领域关键技术的演变规律，包括单倍体育种、优异性状聚合育种、转基因育种及基因组设计育种等。

总体来看，本书对从事油菜分子育种的相关企业和科研院所的研究人员、政府科技管理部门和科研机构的管理人员等均具有重大的指导和参考价值。

华 玮

2019年12月11日于中国农业科学院油料作物研究所

目 录

第 1 章　研究概况 / 1

1.1　研究背景 / 1
- 1.1.1　油菜产业在中国经济发展中的重要地位 / 1
- 1.1.2　油菜育种在油菜产业中的基础性作用 / 9
- 1.1.3　全球油菜分子育种研究进展 / 11
- 1.1.4　中国油菜分子育种研究进展 / 14

1.2　研究的目的与意义 / 19
- 1.2.1　专利在农业领域的作用 / 19
- 1.2.2　中国油菜产业发展中存在的专利问题 / 20
- 1.2.3　出版本书的意义 / 22

1.3　技术分解 / 23

1.4　相关说明 / 25
- 1.4.1　数据来源 / 25
- 1.4.2　分析工具 / 26
- 1.4.3　术语解释 / 27
- 1.4.4　其他说明 / 29

第 2 章　油菜分子育种全球专利态势分析 / 31

2.1　全球专利申请趋势 / 31

2.2 全球专利地域分析 / 33
　　2.2.1 全球专利来源国家 / 地区分析 / 33
　　2.2.2 全球专利受理国家 / 地区分析 / 35
　　2.2.3 全球专利技术流向 / 36
　　2.2.4 全球专利同族和引用 / 37
　　2.2.5 主要国家 / 地区专利质量对比 / 38
2.3 全球专利技术和应用分析 / 39
　　2.3.1 全球专利技术分布 / 39
　　2.3.2 全球专利技术主题聚类 / 44
　　2.3.3 全球专利应用分布 / 44
2.4 主要产业主体分析 / 50
　　2.4.1 主要产业主体的专利申请趋势 / 53
　　2.4.2 主要产业主体的专利布局 / 56
　　2.4.3 主要产业主体的专利技术分析 / 58
　　2.4.4 杜邦公司油菜分子育种专利核心技术发展路线 / 58
2.5 关键技术领域分析 / 73
　　2.5.1 远缘杂交技术 / 73
　　2.5.2 转基因技术 / 74
2.6 新兴技术预测 / 82
　　2.6.1 方法论 / 82
　　2.6.2 新兴技术遴选 / 83
　　2.6.3 新兴技术来源国分布 / 84
　　2.6.4 新兴技术主要产业主体分析 / 84

第 3 章 油菜分子育种中国专利态势分析 / 87

3.1 中国专利申请趋势 / 87

3.2 中国专利布局分析 / 89

3.3 中国专利技术分析 / 89

3.4 中国专利主要产业主体分析 / 93

    3.4.1 主要产业主体申请趋势 / 95

    3.4.2 主要产业主体专利技术分析 / 97

    3.4.3 中国农业科学院油料作物研究所专利核心技术发展路线 / 99

第 4 章 油菜分子育种全球主要产业主体竞争力分析 / 105

4.1 主要产业主体专利数量及趋势对比分析 / 105

4.2 主要产业主体优势技术和应用领域 / 107

4.3 主要产业主体的授权与保护对比分析 / 110

4.4 主要产业主体的专利运营情况对比分析 / 111

4.5 主要产业主体专利质量对比分析 / 112

第 5 章 油菜分子育种高质量专利态势分析 / 123

5.1 全球高质量专利申请趋势 / 123

5.2 高质量专利国家/地区分布 / 124

5.3 高质量专利主要产业主体分析 / 125

5.4 高质量专利技术应用分布 / 126

5.5 失效高质量专利信息 / 126

第 6 章 油菜分子育种热点专题分析 / 131

6.1 油菜单倍体育种技术论文态势分析 / 131

6.1.1 研究背景 / 131

6.1.2 论文产出分析 / 132

6.1.3 主要发文机构分析 / 133

6.1.4 高质量论文分析 / 137

6.1.5 研究热点分析 / 139

6.2 油菜优异性状聚合育种技术论文态势分析 / 141

6.2.1 研究背景 / 141

6.2.2 论文产出分析 / 142

6.2.3 主要来源国家分布 / 143

6.2.4 主要发文机构分析 / 145

6.2.5 高被引论文分析 / 148

6.2.6 研究热点分析 / 150

6.3 油菜非转基因优异新种质创制及育种应用技术论文态势分析 / 152

6.3.1 研究背景 / 152

6.3.2 论文产出分析 / 153

6.3.3 主要来源国家分布 / 155

6.3.4 主要发文机构分析 / 156

6.3.5 高被引论文分析 / 161

6.3.6 研究热点分析 / 162

6.4 油菜转基因育种论文态势及竞争力分析 / 164

6.4.1 研究背景 / 164

6.4.2 论文产出分析 / 165

  6.4.3 主要发文国家及合作情况 / 166

  6.4.4 排名前五发文国家竞争力分析 / 167

  6.4.5 主要发文机构分析 / 174

  6.4.6 高被引论文分析 / 177

  6.4.7 研究热点分析 / 178

6.5 油菜基因组学研究和基因组设计育种论文态势分析 / 180

  6.5.1 研究背景 / 180

  6.5.2 论文产出分析 / 182

  6.5.3 主要发文国家及合作情况 / 182

  6.5.4 主要发文机构分析 / 185

  6.5.5 高被引论文分析 / 188

  6.5.6 研究热点分析 / 188

  6.5.7 基因组选择育种论文列表 / 189

参考文献 / 195

第1章 研究概况

1.1 研究背景

1.1.1 油菜产业在中国经济发展中的重要地位

油菜（Brassica campestris L.）属芸薹属十字花科作物，是世界上三大主要油料作物之一，也是中国区域分布最广、播种面积最大的油料作物。油菜是喜凉作物，对土壤和热量要求不高，具有广适性，是中国五个种植面积超亿亩的作物（玉米、小麦、水稻、大豆、油菜）之一，关系着中国的国计民生。油菜是植物蛋白和植物油脂的重要来源，油菜籽是中国居民最常见和喜爱的植物食用油来源之一。中国菜籽油消费总量约占世界的1/4，是世界第一大菜籽油消费国。油菜又是生物柴油的理想原料，是一种优质能源，能够替代石油和柴油。作为重要的经济作物，油菜也是油农收入的重要来源。总之，油菜对于保障国家食物安全、能源安全及农民增收具有十分重要的战略意义[1]。

中国的油菜产业主要呈现出以下几个发展特点：①油菜种植面积、产量总体稳中略升。中国是油菜主产国，油菜种植面积、总产一直居世界领先地位。近十年来，中国油菜种植面积、单产、总产总体呈稳中略升的趋势。②油菜品质明显改善。在育种技术强有力的支撑下，近十年来，中国育成油菜品种的品质得到明显改善，芥酸和硫苷含量呈逐年下降的趋势，含油量上升。③油菜籽加工逐渐呈现多元化的发展趋势。一是油菜籽加工企业发展速度加快、产能稳步提升；二是菜籽加工分布区域集中，以使用国产油菜籽原料为主；三是油菜籽作坊企业经营日益活跃；四是油菜籽加工工艺日益完善，由中国农业科学院油料作物研究所研发的 7D 功能型菜籽油产地加工技术颠覆了传统的加工工艺，使产品更加美味、更加健康。通过专用品种和加工新技术高度融合，生产出的 7D 功能型菜籽油不仅香味浓郁、色泽纯正、口感醇厚，总酚、VE、甾醇等脂类伴随物也得到很好的保留，具有预防心血管疾病、预防记忆衰退、抑制慢性炎症等食药养身功能。

中国油菜产业的发展虽然取得了一定的成就，但油菜生产的比较效益有所下滑，国外进口油料对我国油菜产业冲击十分严重，产业发展处于瓶颈期，面临着巨大挑战。新时期油菜产业如何发展，面临着挑战，也有重要机遇[2]。

1.1.1.1 中国油菜产业发展现状

油菜是世界上重要的作物之一。中国是世界油菜生产大国，产量居世界前列。油菜每年可为中国提供 470 万吨左右的食用植物油和 800 万吨以上优质蛋白饲料，为中国 1 亿多油菜种植农民提供约 675 亿元的收入，也为生物燃料、医药、化妆品、冶金等行业提供了重要工业原料[3]。

（1）油菜种植面积大，产量基本稳定

中国油菜籽单产水平得到明显提升，平均单产由 2008 年的 1.84 吨/公顷上升为 2019 年的 1.98 吨/公顷；以 2015 年临时收储政策取消为界，总播种面积和总产量变化显著，2015 年之前整体呈现增长趋势，2015 年之后播种面积有所回落，但油菜单产始终保持平稳的增长趋势。美国农业部国外农业服务（United States Department of Agriculture, Foreign Agricultural Service）统计数据显示，截至 2019 年，中国油菜籽播种面积 660 万公顷，产量 1310 万吨，单产 1.98 吨/公顷，播种面积和产量占全球的 20% 左右，总产量仅次于加拿大和欧盟，居世界第三位。2012—2019 年中国和全球油菜产业数据统计见表 1.1。从 21 世纪以来油菜播种面积和产量变化来看，2007 年油菜种植面积达到最低值 564 万公顷，随后开始逐步回升，2014 年达到 759 万公顷，为近年来最高值，较最低年份增加了 34.49%。从 2015 年开始，油菜籽播种面积有所回落，油菜单产水平近年来一直保持较稳定的水平，约为 2.00 吨/公顷，略低于世界平均水平。从 2018 年至今，油菜单产水平与世界平均水平持平。

表 1.1 中国和全球油菜产业数据统计

	年份	面积（百万公顷）	单位面积产量（吨/公顷）	总产量（百万吨）
中国	2012	7.43	1.88	14.01
	2013	7.52	1.92	14.46
	2014	7.59	1.95	14.77
	2015	7.03	1.97	13.86
	2016	6.62	1.98	13.13
	2017	6.65	2.00	13.27
	2018	6.47	1.99	12.85
	2019	6.60	1.98	13.10
全球	2012	34.69	1.81	62.72
	2013	36.39	2.01	73.10
	2014	36.31	2.05	74.46
	2015	34.38	2.04	70.20
	2016	32.51	2.09	68.09
	2017	36.50	2.05	74.92
	2018	36.51	1.97	71.94
	2019	34.73	1.97	68.57

* 数据来源于中华人民共和国国家统计局[4] 和美国农业部[5]。

（2）油菜种植主要集中在长江流域

从全国油菜种植的区域分布来看，中国油菜广泛种植于长江流域、西北、黄淮平原等19个省份。按照品种和区域可大致分为四大区域。一是长江流域（中国油菜生产的主要区域），包括上海、浙江、江苏、安徽、湖北、江西、湖南、四川、贵州、云南、重庆、河南信阳、陕西汉中13个省市，在中国油菜生产中占据主导地位，油菜面积和产量均占90%以上。二是北方区（中国近年来着力建设的高原春油菜特色农业区域），主要包括青海、甘肃、内蒙古、新疆4个省（自治区）。三是黄淮平原（中国油菜单产水平最高的区域），主要包括陕西（不包括汉中）、河南（不包括信阳）。四是其他区域，这些区域种植面积不大，主要包括广西和西藏等地[3]。

1.1.1.2 中国油菜产业存在的问题

与发达国家的油菜生产相比，中国油菜生产仍然存在不少问题。油菜生产地区间发展极不平衡，长江流域可大量利用的冬闲耕田没有得到充分的利用；产业技术研发滞后于生产发展，造成油菜品种、栽培技术、检测等不能很好地服务于当前生产需求；油菜生产的机械化程度低，油菜生产基本上还是手工操作，劳动强度大，劳动力投入多，限制了生产规模的持续扩大；由于中国双低和双高品种混种、混收、混销、混加工以及相关配套种植技术不到位，导致商品菜籽品质差，缺乏国际竞争力，产品质量与国外油菜主产国相比还有较大的差距；缺乏必要的国家政策保障，油菜生产市场风险大，农民的生产积极性不稳定[6]。

（1）缺乏优质品种

① 缺乏早熟油菜品种。在中国油菜主产区，大多数为"稻—油""稻—稻—油"轮作或"棉—油"等轮作。但由于作物生育期的限制，无法用直播的方式实现高产轻简种植油菜，只能是通过育苗移

栽，人工成本很高。

② 缺乏高产量和高含油量的油菜品种。近年来中国通过审定的油菜品种在产量和质量上都已经有所提高，出现了中双11、浙油50、中油杂19等高含油量品种，但同加拿大、美国和欧洲等发达国家相比，主流品种还是存在产量偏低、含油量不高等问题。由于企业的利益，在油菜推广过程存在一些问题，使得国内的油菜种子市场呈现多又杂的局面，农民无法准确地在这些油菜品种中选择出最适合自己种植生产的品种，从而造成了油菜的产量无法得到可靠的保障。

③ 缺乏高抗、适合机械化栽培的油菜品种。在中国近年审定的品种中，抗倒伏性的品种缺乏，使得油菜在灌浆的后期容易出现倒伏，严重影响油菜正常成熟，制约了油菜单产的提高，也使农民的种植收益受到影响。同时由于抗病品种的缺乏，使得菌核病在南方主产区高发，对中国油菜单产的提高造成严重威胁。因此培育出更多的品质优良的油菜品种意义重大。另外，由于土地流转规模和数量不足，中国油菜种植的机械化作业程度低是不争的事实。能够通过机械进行播种和收获的油菜种植面积只占到全国油菜种植面积的10%左右，这一数据远远低于水稻、玉米等其他作物[2]。

（2）种植效益较低，农民积极性不高

中国冬油菜主产区油菜生产发不均衡、平均单产较低，特别是湖南、江西等主产区仅在1.5吨/公顷左右。一是由于前茬水稻秸秆在还田之后，油菜机械播种难以实现一播全苗，会严重影响油菜收获株数；二是良种良法未能得到很好的推广与应用，良种产量潜力没有发挥出来；三是收获机械与种植品种不配套，收获损失达20%～30%，导致减产；四是种子市场不规范，优良品种推广难度大，造成优良品种特性发挥不出来。

油菜种植成本近年来有持续攀升的趋势，主要有以下几个原因：一是农村用工、生产资料（农药化肥）、地租成本均上涨，这些普遍存在的外在性因素，在短期内难以得到改善；二是长江流域主产区主要的"稻油"种植模式，在秸秆禁烧后，水稻秸秆的处理费用增加（750～1200元/公顷），且防病治草的成本也增加；三是缺乏高效、集成的全程机械化种植技术，劳动力投入依然较大。以江苏省为例，2005—2017年，油菜生产总成本由4149.2元/公顷上升为13 743元/公顷，年均上涨10.2%；种植环节净利润均为负值，种植大户只能通过对菜籽进行初加工销售来获得收益。湖北省2005—2017年油菜生产成本从3411元/公顷上涨为9922.4元/公顷，年均上涨9.3%。中国油菜籽产量偏低、种植成本偏高，直接导致油菜种植的比较效益较低，严重影响农民的种植积极性[7]。

（3）产量不足，进口需求持续扩大

菜籽油是国产食用植物油的第一大来源，占中国油料作物产油量的57.2%，但长期以来，油菜的生产已经无法满足国内的消费需求，大量的缺口只能依靠从国外进口。国内食用油自给率一降再降，国产食用油自给率仅占1/3，进口依赖度达2/3，超过国际安全预警线，成为世界上最大的食用植物油进口国，同时也是世界油料进口大国。2008年油菜籽、菜籽油和菜籽粕进口量分别为201.8万吨、38.9万吨和30.6万吨，2017年分别达到460万吨、80万吨和90万吨，10年期间增长高达2～3倍。2018年，油菜籽进口475.6万吨，增0.2%，占当年国产油菜籽的37%；菜籽油进口129.6万吨，同比增长71.2%[8]。尽管近年来油菜籽进口格局略有改善，进口来源地也更加趋于多元化，但目前对加拿大的进口依存度依然较高，存在着较大的潜在国际贸易风险。距《国家粮食安全中长期规划纲要》的目标任务（到2020年保障中国食用植物油的自给率不低于40%）的差距越来越大,保障食用油供给安全任务日益紧迫,所以发展油菜生产是有效缓解中国食用油安全危机的主要途径之一。

(4) 加工水平低,菜籽油品牌建设缺位

中国油菜主产区主要是"本地加工就地消费"的模式,在非主产区,如浙江、福建等沿海省份,则主要以进口油菜籽作为加工原料;相比之下,在主产区以国产油菜籽为原料的大中型加工企业因亏损严重而大量减少,油菜籽加工以小型企业为主,并且加工产能过剩问题较为突出。湖北省菜籽加工大中型企业开工率2008年为90%以上,2014年为45.9%,2017年降至5%以下。目前国产油菜籽主要是由当地传统小榨油坊加工,湖南省11个县有传统小榨油坊1500多家,只有4家加工企业稍具规模。这种传统小榨油坊能耗高,产品质量难以保证,无法实现标准化生产,难以形成品牌,更无法通过QS认证,不能进入超市等高端市场,这导致出现"小榨油"的销售多以熟人社会关系为主的局面。因此,虽然"小榨油"具有价格优势,也在一定程度上制约了油菜产业发展,但从长远来看,有必要对传统小榨油坊进行技术改造升级。

首先,内陆油菜主产省份大中型油脂加工企业市场竞争力弱,企业生存困难,品牌建设缺位,导致国产菜籽油品牌建设严重滞后。其次,公众对菜籽油的优异品质认知不足,宣传力度不够。在优质菜籽油品牌建设缺失的情况下,市场中广泛宣传的调和油对公众消费选择产生了较大误导,低价的调和油与国产双低优质菜籽油形成同质竞争现象突出。事实上,双低菜籽油是饱和脂肪酸含量最低、不饱和脂肪酸含量最高且多不饱和脂肪酸组成更为合理和健康的大宗食用油,其营养品质显著优于被人们视为高端油品的茶油和橄榄油。正是由于公众对菜籽油的营养价值认知不足,导致双低菜籽油很难依靠"优质"实现"优价"[7]。

1.1.1.3　中国油菜产业发展措施

（1）积极出台扩大油菜种植面积的政策

21世纪以来，为鼓励和支持中国油菜产业发展，国务院办公厅先后出台了一系列促进油菜发展的扶持政策。从2007年起，在长江流域"双低"油菜优势区（包括四川、贵州、重庆、云南、湖北、湖南、江西、安徽、河南、江苏、浙江），实施油菜良种补贴。2008—2014年，国家连续7年实行了油菜籽临时收储政策，对市场起到一定的支撑作用。2015年国家提出了油菜新政策，中央财政给江苏、安徽、河南、湖北和湖南五省补贴，同时将油菜收购定价权下放到各省，补贴可以直接补贴给农民，也可以作为加工费用补贴给油厂。这些油菜支持政策的出台，为稳定油菜种植面积，保证油菜种植收益，促进油菜生产现代化发展起到一定的积极推动作用[3]。

（2）加大油菜种质资源的系统评价和优良基因的挖掘利用

中国和印度是白菜型油菜和芥菜型油菜的起源中心，拥有丰富的种质资源，这为优良品种的形成及优良基因挖掘提供了重要的材料基础。因此，中国应大力开展油菜种质资源研究与创新，构建中国特有原始资源的基因及表型库，分析油菜优异亲本的系谱特征及其遗传演变规律，为油菜育种发展奠定基础。

（3）加快分子设计育种创新体系建设

增加油菜分子生物学、基因组学、代谢组学、转录组等学科的科研投入，构建关键性状如产量、含油量、油品质及抗病和抗逆等主效的QTL及其网络调控的分子机制，确定与关键性状关联的候选基因，借助分子聚合育种技术、基因工程技术及基因编辑技术，实现油菜的分子设计育种，从而推动油菜育种行业的跨越式发展，使其在国际竞争中处于领先地位。

（4）继续加强油菜杂种优势利用研究，保持中国的领先地位

中国在油菜杂种优势利用方面始终处于国际领先地位，中国应加强油菜杂种优势的分子机制及其利用方法的研究，通过基因工程等技术创建优良的不育系材料，确保中国在该领域的国际领先地位。

（5）加快油菜理想株型研究，进一步提高油菜产量和机械化收割水平

理想株型在增加作物产量上有重大价值，其价值已在水稻分子育种中得到体现。半矮秆基因在第一次绿色革命中起到重要作用，而半矮秆基因的作用在油菜中还没有得到太好的体现。中国油菜单产水平较低，理想株型可能是油菜产量突破的关键点之一，需要布局深入研究。另外，中国油菜机械化收割水平较低，生产成本投入大，是阻碍中国油菜产业发展的重要原因之一。因此，大力培育适合机械化收割的高产、优质油菜品种是今后中国油菜育种过程中的重要任务[4]。

1.1.2 油菜育种在油菜产业中的基础性作用

油菜作为世界范围内广泛种植的四大油料作物之一，在中国、加拿大、欧盟国家以及印度等都有着广泛的种植，同时作为世界食用植物油和植物蛋白的主要来源，油菜在农产品中也占有重要地位。为提高油菜的产量，各国都致力于油菜的育种工作，油菜育种特别是优质油菜育种引起了各国政府和科研工作者的高度重视。

油菜育种技术主要是以常规育种和杂交育种为主，现在已经发展到了常规育种、杂交育种与生物技术育种相结合的阶段。由于传统的油菜育种方法必须经过多世代的杂交、回交，然后自交，其周期长、耗费大，还可能对所选择的性状产生负面影响，且连续自交会导致甘蓝型油菜遗传多样性窄化，后代发生退化；此外常规育种优异后代的

选择，全凭育种家经验，随机性较大。随着现代生物技术的迅速发展以及生物信息学分析技术的不断完善，通过生物技术及生物信息手段可开展新型的分子水平育种。生物技术育种解决了生产上传统油菜育种不能够解决的重大疑难问题，因此生物技术在油菜育种上应用得越来越广泛，给油菜育种带来革命性的变化。

（1）分子标记技术

分子标记在油菜育种上已获得成功，并已先后应用于油菜亲缘关系和遗传距离分析、品种鉴别、遗传图谱构建、基因定位和杂种优势利用等方面，使科学家得以完成常规育种难以实现或不可能实现的作物改良。

（2）植物组织培养技术

在油菜育种上应用的植物组织培养技术有单倍体技术、小孢子培养技术、原生质体培养及融合技术等，其中小孢子培养技术、单倍体技术是发展最为成熟的现代生物技术，在油菜育种中得到了广泛应用，利用小孢子培养技术可以诱发单倍体，再利用单倍体技术使基因型杂合迅速纯合，这就大大缩短了育种周期。

（3）基因工程技术

随着 DNA 的内部结构和遗传机制的揭秘，生物学家不再仅仅满足于探索、提示生物遗传的秘密，而是开始设想在分子的水平上去干预生物的遗传特性。基因工程技术主要是在油菜杂种优势上的利用，目前在油菜育种中杂种优势的利用占主导位置，油菜杂种优势的利用对油菜的发展有着极其重要的影响。但由于目前利用的油菜杂种优势途径均存在一些缺陷，如细胞核不育杂种制种程序复杂、成本较高、化学杀雄剂的制种技术难以掌握、杀雄剂多为有毒物质，难免造成环境污染等，而基因工程技术的应用可以解决这些问题[9]。

1.1.3　全球油菜分子育种研究进展

随着现代生物技术、生物信息学和计算机科学的不断发展，越来越多的植物分子信息被发掘、整理和利用。以基因序列的获取、分子标记、QTL 定位和遗传图谱的构建等技术为基础，通过生物信息学，论述了分子设计在作物育种中的应用及新的育种手段和未来育种研究的发展趋势。

1.1.3.1　分子标记育种

（1）油菜遗传多样性研究

通过人为措施将甘蓝和白菜型油菜杂交产生再合成油菜，可为油菜杂交提供遗传上较远的基因库[10]。选择合适的再合成油菜品系的一个重要标准是其与育种材料之间的遗传距离。Girke 等[11]利用 RFLP 标记分析了 142 份再合成油菜材料和 57 份来自欧洲、北美、亚洲的冬油菜和春油菜的遗传距离，发现亲本来源于亚洲的再合成油菜品系与冬油菜间的遗传距离最大，可用于丰富油菜基因资源。

（2）遗传图谱构建

遗传图谱是遗传研究的重要内容，同时又是进行基因精细定位和物理图谱构建、基因克隆、作物种质资源等研究的前提和依据。Landry 等[12]用 RFLP 标记构建了首张甘蓝型油菜分子遗传连锁图谱，包含 120 个 RFLP 标记，长度为 1413 cM（里摩尔，下同）。Smooker 等[13]利用甘蓝型油菜 DH 群体构建了一个包含 357 个 SSR、SNP 和 InDel 标记的图谱，共有 19 条连锁群，覆盖总长度 1381 cM。SNP 是开发高通量基于基因本身的分子标记的良好选择，构建高通量的 SNP 分子标记遗传图谱为分子育种提供了便利。Chung 等[14]利用高通量的基于基因本身的分子标记，构建了包含 221 个 SNP、10 个 HRM、62 个 SSR 和 31 个 InDel 标记的遗传图谱，覆盖总长度 1115.9 cM，标记平均距离 3.6 cM。

(3) 重要基因定位与克隆

图位克隆是在未知基因表达产物、功能的情况下常用的基因分离方法，广泛应用于甘蓝型油菜的基因克隆，该法依赖于高密度遗传图谱和物理图谱的建立，从而实现对目的基因的精细定位。因此，开发新的分子标记，丰富遗传图谱中目标区域分子标记数量对于基因克隆非常重要。近年来，下一代测序技术的产生为通过转录组测序的全基因组范围的分子标记开发提供了有力的技术支撑。转录组非常适合分子标记开发，可用于开发基因内部标记，即根据基因本身的序列差异而建立的标记。利用转录组数据开发最多的为 SSR 和 SNP 标记，对基于基因同线性的比较基因组研究及联合作图具有重要价值。Paritosh 等[15]基于下一代测序技术对白菜型油菜的 RNA 序列进行分析，指出在单拷贝基因中及其同源基因中存在充足的 SNPs，可用于全基因组作图和基因组特定区域精细作图。

目前，在油菜中利用分子标记进行定位、克隆的基因主要有雄性不育基因、抗病相关基因及含油量、产量等重要基因，为油菜育种提供有效基因源。Becker 等[16]通过分析油菜与 L. maculans 互作过程的转录组，确定了互作过程中的特异基因及植物防卫途径；确定了 Arabidopsis-L.maculans 模式植物 - 病原菌互作系统中与植物抗性相关的特征基因。

(4) 分子标记辅助选择

分子标记辅助选择（Marker Assisted Selection，MAS）是将分子标记应用于作物育种中进行选择的一种辅助手段。它通过与目的基因紧密连锁或表现共分离关系的分子标记对选择个体进行目标基因筛选。由于 MAS 直接依据个体基因型进行选择，克服了传统育种通过表现型间接对基因型进行选择周期长、效率低、准确率低的缺点，可在育种早期鉴定植株是否含有目的基因，从而节约育种时间，提高育种效率。Chung 等[14]在 Tb1M DH 群体上鉴定到与 A6 染色体上的显性 TuMV 抗性位点距离最近的标记 N0343，用 InDeL 标记进一步缩小抗性区间，得到 CUK_0040i 标记，与 N0343-起构成 TuMV 抗性位点的两侧标记，为 MAS 提供重要参考。Behla 等[17]首次报道了在不同的群体中存在共同的抗菌核病的 QTL。他们利用 3 个 DH 群体（H1、H2 和 H3），在之前利用 H3 群体定位的基础上，利用 SRAP 和 SSR 技术，结合 H1 和 H2 分离群体，利用 508（H1）和 478（H2）分子标记筛选了稳定的抗菌核相关 QTL，在 H1、H2 和 H3 中分别筛选出 4-6、3-6、2-6QTL。发现在 H1 和 H3 中，在 A7 和 C6 连锁群上有 2 个共有的 QTL，在 A9 连锁群上存在 H2 和 H3 共有的一个 QTL。

1.1.3.2 转基因育种

转基因油菜在于基因组中含有外源基因，这些外源基因可来自植物、动物或微生物。它可以改变油菜的某些遗传特性，从而培育出高产、高抗、优质等新品种。目前，油菜转基因方法主要有农杆菌介导转化法、电激法、显微注射法、基因枪法、真空渗入遗传转化法、激光微束穿刺法、PEG 法、花粉介导法等。伴随基因工程技术的发展，科研人员越来越倾向于采取基因工程的手段改良油菜的产量、品质及抗逆性[2]。各国都在不断攻克双低油菜的含油量、产量、抗逆性以及降低亚麻酸含量等难题。据报道，国外通过转基因育种，已培育出了大量具备抗虫、抗病、抗除草剂、抗逆、品质改良和功能性状优良的油菜新品种，如美国 Pollard 等育成的月桂酸油菜，加拿大育成的抗除草剂转基因油菜品种 LG3315、LG3295、NCN92、GT73 和 GT200 等。

1.1.3.3 基因编辑育种

基因编辑技术是指在基因组水平上对 DNA 序列进行定点改造的遗传操作技术,是近几年发展起来的生命科学领域的革命性、颠覆性技术,已连续多年入选国际顶级科学刊物 *Nature/Science* 评选的"世界十大科学进展"。目前应用比较广泛的基因编辑技术主要有 ZFN、TALEN、CRISPR 三种。目前 CRISPR/Cas9 在植物基因组编辑中的应用主要包括基因功能研究和作物遗传改良,编辑形式可分为功能基因的敲除、基因(片段)的定点插入或替换、单碱基编辑和基因表达调控。CRISPR/Cas9 系统已成功应用许多主要作物上,如拟南芥、水稻、小麦、玉米、大豆、高粱、棉花、油菜、大麦、本氏烟草、番茄、马铃薯、甜橙、黄瓜、生菜、矮牵牛、葡萄、苹果、木薯、西瓜等。基因编辑技术对加速作物尤其是多倍体作物的育种有积极的推动作用,德国基尔大学的 Christian Jung 教授[18]与其合作者利用基因组编辑技术同时对 ALC 的 2 个复制进行编辑,获得了遗传稳定的抗裂荚的突变体。印度学者 Channakeshavaiah[19]正致力于使用双基因多重 CRISPR/Cas9 基因组编辑方法开发番茄和油菜的多种非生物胁迫抗性项目的研究。

1.1.4 中国油菜分子育种研究进展

油菜是中国最主要的油料作物之一,肩负着国内植物油供给的重任。努力提高中国油菜育种水平是促进油菜产业发展、保障中国食用油供给安全的有效途径。分子育种技术的开发与利用为快速高效油菜育种带来了生机。在油菜及其基本种的基因组测序、SNP 分子标记的开发等方面中国已具有良好的研究基础,中国油菜科技工作者正在致力于引进和建立国内自己的油菜育种技术,为提高油菜育种效率提供技术支撑。

1.1.4.1 分子标记育种

（1）油菜遗传多样性研究

中国是白菜型油菜的起源中心，具有丰富的种质资源及遗传变异，白菜型油菜具有耐贫瘠、耐旱、抗寒力强，尤其是有迟播、早收、生育期短等突出优点使其可作为甘蓝型油菜品种改良重要的基因资源。Zhang 等[20]利用细胞质特异的一步多重 PCR 标记、SSR 分子标记对甘蓝型油菜细胞质类型、遗传多样性进行鉴定分析，有效区分了油菜 Nap、Pol、Cam 3 种细胞质类型，并得出 Cam 细胞质与 Pol 细胞质的亲缘关系较 Nap 细胞质近的结论。此外，利用 A 基因组特异的 SSR 标记对白菜型油菜、甘蓝型油菜及芥菜型油菜 A 基因组遗传多样性进行分析，为通过利用亚基因组、整合不同芸薹属作物基因组、丰富甘蓝型油菜基因资源提供了理论依据。Wu 等[21]对全球收集的 991 份油菜种质资源进行基因测序以鉴定油菜群体的遗传多样性，通过将读数分别映射到 Darmor-bzh 和 Tapidor 的参考基因组，鉴定了总共 556 万个或 553 万个 SNPs 和 186 万个或 192 万个 InDels。全基因组关联研究在 FLOWERING LOCUS T 和 FLOWERING LOCUS C 直向同源物的启动子区域中鉴定出与不同油菜籽生态型组相对应的 SNP。

（2）遗传图谱构建

随着分子标记技术的发展，SSR、STS、InDels、SNP 等分子标记被广泛用于遗传作图。Zhao 等[22]利用甘蓝型油菜 DH 群体构建了一个包含 481 个 SSR、CAPS、SRAP、STS、SSCP 和 SCAR 标记的图谱，该图谱包括 19 条连锁群，覆盖总长度 1948.6 cM。漆丽萍等[23]利用 DH 群体构建了一张包含 1902 个标记（SNP 标记 140 个、AFLP 标记 160 个、SSR 标记 253 个、IP 标记 80 个、SCAR 标记 3 个）的高密度遗传连锁图，包含 20 条连锁群，图谱总长 2328.97 cM，标记间平均图距 1.46 cM，为油菜重要基因的克隆提供了有力支撑。Hu 等[24]开发了一个甘蓝型油菜 NAM 群体,由 15 个重组近交系家族组成,具有 2425 个基因型。通过基于所有 RIL 家族的测序基因分型构建 15 个高密度遗传连锁图谱,并进一步整合到具有 30 209 个与多个连锁图谱共同的独特标记的关节连锁图谱。

(3)重要基因定位与克隆

目前,在油菜中利用分子标记进行定位、克隆的基因主要有雄性不育基因、抗病相关基因及含油量、产量等重要基因,为油菜育种提供有效基因源。细胞核雄性不育及其优良恢复系的选育是三系杂交育种的基础。Li 等[25]利用图位克隆和比较基因组学相结合的方法,根据目标 BAC 克隆和同源区 BAC 克隆的序列差异开发出多个 SSR 分子标记,成功克隆了油菜细胞核雄性不育基因 BnMs3 基因,为揭示油菜雄性不育机制奠定了基础。油菜抗病基因和含油量、产量相关基因大多为数量性状遗传,对控制数量性状的基因进行定位,即 QTL 定位。Chao 等[26]利用 KenC-8 × N53-2 构建了含有 3207 个标记、覆盖 3072.7 cM 的高密度 SNP 连锁图谱;共获得了 67 个含油量 QTL 和 38 个蛋白含量 QTL;又选用高油和低油材料各 24 进行 BSA 分析,发现由 BSA 得到的 38 个关联的基因组区域与之前发现的区间重叠或进一步缩小了 SOC-QTL 区间,进一步确认了基于高密度连锁图谱 QTL 定位的结果。Zheng 等[27]通过 60k SNP 芯片分析了 333 份材料的株高、初分枝高度及分枝数等性状,共得到 34 292 个 SNP 标记,筛选出了 7 个、4 个和 5 个分别控制株高、初分枝高度和分枝数的位点;认为 A02 染色体上的 BnRGA 和 BnFT 是控制株高的主要候选基因;A07 染色体上的 BnLOF2 和 BnCUC3 对于分枝数有重要的影响。Liu 等[27]研究发现油菜 A9 染色体上 ARF18 基因(一种调控生长素反应基因表达的转录因子)的变异可调控粒重,且不改变角粒数,从而对产量产生粒重变异 15% 的影响。这一发现为油菜高产品种的分子设计和培育奠定了基础。

（4）分子标记辅助选择

分子标记辅助选择通常与回交育种结合，将供体亲本中的有用基因转移到受体亲本中，从而达到改良受体亲本个别性状的目的。我们将分子标记辅助选择育种与回交育种结合，利用草甘膦抗性基因 gox 的特异性引物对抗性基因进行鉴定，同时结合抗性筛选提高选择准确性，通过 SSR 分子标记对回交后代进行背景选择，在 BC3 代得到了含有抗除草剂基因 gox、背景回复率高于 96%、具有本地优良农艺性状的株系，加快了育种进程，提高了育种效率。MAs 进行选择时优先考虑选择与目的基因紧密连锁的双侧标记。Huang 等[28] 应用 MAS 结合回交育种将隐性核不育基因从 7-7365A 转到两个新的甘蓝型油菜品系 7-749 和 7-750 中，获得两种改良的不育系 7-749A 和 7-750A。Zhou 等[29] 研究了与油菜初始开花，成熟和最终开花时间以及开花期相关的 SNP 基因和基础候选基因。使用先前从 SLAF-seq（特异性基因座扩增片段测序）开发的 201 817 个 SNP 标记的全基因组关联研究显示总共 131 个 SNP 与所研究的性状强烈连锁，结果支持新型大规模 SNP 数据生成在揭示甘蓝型油菜农艺性状遗传控制中的实用和科学价值，也为分子标记辅助选择油菜早熟育种提供了理论依据。

1.1.4.2 转基因育种

目前，中国虽然还没有转基因油菜的商业化种植，但对转基因油菜理论的研究却相当活跃。研究转基因油菜所采用的目的基因也趋于多样化。人们已获得了多种目的基因，其中，抗虫基因有苏云金杆菌杀虫蛋白基因、几丁质酶基因、蛋白酶抑制剂基因、淀粉酶抑制剂基因、植物凝集素基因、昆虫特异性神经毒素基因等；抗除草剂基因有抗溴苯腈基因、澳苯腈基因 bxn、抗溴苯腈与雄性不育基因等；抗病毒基因有葡聚糖酶及几丁质酶基因、芜青花叶病毒外壳基因、商陆抗病毒蛋白 cDNA、芜菁花叶病毒的 CP 基因等。这些目的基因大多已被导入油菜并得到了广泛的应用[30]。

从中国转基因油菜理论研究情况来看。中国在各项技术上基本和国外保持跟进。研究成果涵盖面较广泛，但真正具有明显产业化应用前景的成果很少见。急需加大投入力度，继续深入研究，抢占核心技术。

1.1.4.3 基因编辑育种

新的基因编辑技术为培育高抗低耗的作物新品种奠定了基础，将推动新型生物育种技术和可持续农业的高速发展，推动农业发展新旧动能转换。值此机遇，中国油菜研究领域正致力于新型生物技术在油菜育种领域中的应用，期待在未来十年通过基因编辑技术在油菜育种、栽培、机采实现新的突破。中国农业科学院油料作物研究所油料作物分子改良理论与技术创新团队[31]利用 CRISPR/Cas9 基因编辑系统敲除油菜 BnaMAX1s 基因，创制出新的优异株型种质，为油菜高产新品种培育提供了优异种质资源，油菜单株产量有望再提高约 30%。王金彪等[32]利用基因编辑技术 CRISPR/Cas9 对甘蓝型油菜 BnaLCR78 基因进行定向编辑敲除，获得了敲除成功的转基因油菜，为后续进一步研究甘蓝型油菜 BnaLCR78 基因功能提供了基础。万丽丽等[33]利用 CRISPR/Cas9 基因编辑系统对甘蓝型油菜 DT，627R 和 ZY50 材料中的控制油酸合成代谢途径的关键基因 BnaA.FAD2.a（LGA5）进行编辑，共获得 164 株转化单株，编辑效率为 75.6%。华中农业大学的刘克德团队及其合作者[34]在油菜中利用 12 个基因检测了 CRSPR/Cas9 介导的基因组编辑效率，其在 T0 代中的平均编辑效率为 65.3%。华中科技大学栗茂腾教授课题组[35]针对具有 7 个复制的 BnLPAT2 和具有 4 个复制的 BnLPAT5 的保守基因编码区分别设计了 3 个和 1 个 gRNA 靶点，并分别构建成 4 个单靶点载体和 2 个多靶点载体。转基因后代序列分析发现：BnLPAT2 基因所对应的 7 个复制和 BnLPAT5 基因所对应的 4 个复制都发生了突变，并且其潜在的脱靶位点上均没有检测到脱靶现象。这些研究为基因组编辑技术在油菜育种中的应用提供了指导。

1.2 研究的目的与意义

1.2.1 专利在农业领域的作用

专利是世界上最大的技术信息源，包含了世界科技信息的 90%～95%[36]。对于知识产权的保护自 19 世纪 80 年代以来受到了国际社会的广泛关注。欧美国家为保证其在世界经济竞争中的地位，不断加大了对科技成果的知识产权保护，并将其上升到了维护公共利益和社会安全的战略高度。就农业领域而言，加强对农业专利的保护，不仅可以加强各国之间的科技竞争和人才竞争，促进农业科技发展，还可以对农业科技成果进行保护，将科技竞争转换为经济竞争，加快农业的成果转化。德国拜耳、美国杜邦、孟山都、瑞士先正达等知名的农业巨头每年的专利申请数量都十分庞大，这也迫使企业不断创新进步，最终推动行业整体发展。

《中国农业知识产权创造指数报告》显示：2017 年中国农业科技进步贡献率为 57.5%，虽然比 5 年前提高了 3 个百分点，但与国外相比仍有较大的差距。中国农业领域的发明类专利授权仅占全部专利授权的 12% 左右，农业专利发明寿命与其他国家相比也有很大差距，说明中国农业知识产权的数量和质量仍有待提高。从农业领域申请专利的行业分布来看，当前国际上农业的专利主要集中在生物技术领域，而中国的专利主要分布在种植业、畜牧业和食品业中，调整农业创新结构迫在眉睫。另外，科研单位长年以来是中国农业科技创新的核心群体，企业的发明类专利授权仅占三成左右[37]。社会创新资金的投入不足导致农业领域创新动力源单一，企业创新能力和创新积极性较低，成果转化效率低下。

《2019中国农业科技论文与专利全球竞争力分析》显示：中国农业专利总体竞争力仅次于美国，排名第二。在技术生产力上，中国是全球最大的农业专利产出贡献国，并以平均每年18.92%的高增长率逐年增长。然而，在技术影响力上，尽管中国的总被引频次和专利被引率在全球22个农业先进国中排名第一，但从有引用的专利平均被引频次来看，前3位分别为瑞士、美国和以色列，中国仅位列第十八。中国农业专利的国际影响力仍然有待提升。在技术认可度上，美国和中国的发明专利授权量以绝对优势高于其他国家，但中国的发明专利授权率仅为21.72%，在22国中排名第二十一；在技术保护力上，中国域外申请专利占比和专利家族规模均低于其他21个国家，专利布局和知识产权保护意识和能力亟待提升[38]。

当前中国专利技术产出分布呈现出申请机构多、低质量多、国内市场布局多等特点，这说明中国专利申请没有形成技术和产品竞争力，没有形成知识产权保护壁垒，迫切需要转变导向。因此，树立产权意识、提升农业创新工作的管理水平、推动科研资源向科研企业倾斜是加快建设中国现代化创新型农业的重要保障。

1.2.2 中国油菜产业发展中存在的专利问题

当今知识产权已成为国际合作与竞争的重要筹码。在市场竞争激烈的当今社会，专利是信息技术最有效的载体，它反映了技术研究方向和市场发展动向，甚至还可以推断出该领域的整体专利战略发展趋势。全球油菜产业专利的突出特点表现在：油菜产业技术在经历萌芽期、技术成熟期后，2013年后逐渐进入技术衰老阶段；中国是美国、日本等国专利布局的重要目标市场；油菜产业关键技术主要集中于C12N、A01N、A61K等小类；中国的发明创新覆盖了大部分技术热点，但仍有部分热点领域覆盖度不足，美国专利强度遥遥领先，中国专利技术创新仍面临挑战[39]。当前，中国油菜产业发展中存在的专利问题主要有以下几点[26]。

1. 油菜产业专利数量较少

中国拥有自主知识产权的基因偏少，而且油菜产业申请的专利还仅局限于应用方面，很少甚至并未涉及核心专利，导致油菜产业研发缺乏后劲。这与相关技术的自主创新能力不强和专利保护意识薄弱有极大关系。同时警示国内在油菜产业育种产业化进程方面还有待进一步加强。中国科学院植物研究所首席专家蒋高明曾指出"将来没有核心专利，恐怕吃粮食也得交专利费"。据序列分析的结果预测农作物基因组中含有4万～8万个基因，在今后的8～10年内，这些基因都将逐渐被分离克隆，注册为知识产权。因此。建议设立"国家油菜功能基因组研究重大科技专项"加大力度抢占先机，持有核心专利。

2. 油菜产业研发主体单一

中国科研院所和高校的专利数量和专利持有量占有较大比例，显示出其在科研成果产业化方面存在着巨大潜力，但企业作为产业化推广的主体却在资源配置没跟上，科研体制成了制约瓶颈。然而，国外油菜育种专利的主要申请者和研发主体多以企业为主，如美国的陶氏杜邦、孟山都，德国的巴斯夫、拜耳，瑞典的农化巨头先正达等公司都是油菜育种行业的国际先进标杆和实力代表者。

3. 油菜产业专利质量不高

油菜产业专利多以应用为主，核心领域的研发深度较浅甚至并未涉及。不利于中国在油菜产业领域的技术储备研发，也不利于科研机构与企业合作联盟，难以拓展中国企业的发展空间，制约中国油菜产业的产业化进程。

国内油菜产业在特异性启动因子基因、生理生长基因、不育基因、分子标记等方面申请的专利较多。研发力量则主要集中在抗逆基因、抗病基因和油菜种子品质性状改良上；在抗虫基因申请和抗除草剂基因的专利件数则较少，而国外公司产业化推广的基本都是抗除草剂品种。

4. 油菜产业专利利用有待加强

在专利利用方面，对于国外申请人在中国获授权专利技术。育种者可以通过专利法的交叉许可制度或与专利持有人签订合同等方式对这方面的技术加以利用；对于无法通过上述方法获得使用许可而在油菜产业产业化中不可避免地要运用的专利技术，国家应适当运用知识产权的强制许可制度，以保障中国油菜产业产业化的顺利进行。

1.2.3 出版本书的意义

现代生物技术被誉为20世纪人类最杰出的科技进步之一，分子育种技术是现代生物技术的核心，运用分子育种技术培育高产、优质、多抗、高效的油菜新品种，对保障粮食和饲料安全、缓解能源危机、改善生态环境、提升产品品质、拓展农业功能等具有重要作用。目前，世界许多国家把分子育种技术作为支撑发展、引领未来的战略选择，分子育种技术已成为各国抢占科技制高点和增强农业国际竞争力的战略重点。

专利分析，即利用文献计量学方法对专利说明书、专利公报中的相关信息进行分析加工，从而得出的对未来决策有参考依据的过程。因此，通过对油菜产业相关专利的数量、年度趋势、地区分布、技术重点分布、专利权人情况和主要竞争者技术差异等方面的数据进行挖掘，不仅可以明确业内竞争对手的技术性竞争优势，找到技术空白点，还可以揭示世界油菜产业的发展规律，了解世界油菜产业发展动态，为规避侵权风险、把握中国油菜相关技术的研发方向提供量化支撑。一直以来，科技进步都是推动中国油菜产业发展的重要手段，中央政府和地方政府一再加大对油菜科研经费和人力资源的投入，为解决关键技术难题、加强自主知识产权的创新和保护提供了有力保障，有效扩大了中国油菜产业相关技术的世界影响力。可以说，技术进步是促进产业发展的基础，而专利分析则是基础中的基础。

中国的油菜分子育种相关技术专利虽然取得了一定的进步和发展，但与发达国家间还有一定差距，主要表现在技术创新水平和国际竞争力相对较低，也一定程度上与中国目前的作物分子育种的政策和国情有关；中国海外专利申请数屈指可数，较美国、日本等国相比明显偏弱；油菜产业专利技术创新不足，华中农业大学、中国农业科学院油料作物研究所虽引领国内油菜产业技术发展，但在世界范围内只是该领域的技术加入者和跟随者，虽然发明创新基本覆盖了全部技术热点，但仍有部分热点领域覆盖度不足；油菜产业专利强度较低，中国一般专利较多，而核心专利明显缺乏，专利技术创新仍面临挑战，专利数量与质量不协调等难题亟待解决。

本书针对油菜分子育种的全球专利进行分析，形成有深度和广度的研究，为相关课题研究者和决策领导提供重要的信息支撑，为中国发展油菜分子育种面临的知识产权问题和产业化需要解决的配套措施提供参考。

▶ 1.3 技术分解

本书以油菜分子育种应用分类和技术分类领域作为专利检索的分析的主线，以各分类的详细分支作为辅助，完成了全部油菜分子育种专利的检索。油菜分子育种重点技术分解表见表1.2。此外，为深入了解油菜分子育种相关专利所包含的具体信息，本次专利分析特请领域专家对全部专利进行了应用和技术分类标引，每个分类的专利数量也在表中列出，在本书后续章节的技术分析及应用分析中，均采用此分类进行分析。

表 1.2 油菜分子育种重点技术分解表

一级分支	二级分支	专利数量（项）	三级分支
应用分类	高效	23	机械化、抗倒伏、紧凑株型、矮杆、成熟一致性
	高抗	227	抗病（菌核病、根肿病、病毒病、白粉病、黑胫病） 抗虫（蚜虫、小菜蛾、菜青虫、跳甲、潜叶蝇） 抗非生物逆境（耐旱、耐渍、耐寒、耐盐碱、耐低温、耐高温）
	高产	105	氮高效、磷高效、钾高效、硼高效、早熟、高产、耐迟播、细胞质雄性不育、细胞核雄性不育、高光效、千粒重、每角粒数、全株角果数、化学杀雄、耐裂角
	高油	40	高含油量、高油酸、不饱和脂肪酸
	高品质	20	高蛋白、维生素E、类胡萝卜素、单宁、芥酸、硫苷
	高附加值	4	青储饲料、富硒油菜苔、多彩油菜
	其他	10	纤维素、种皮色
技术分类	分子标记辅助选择	83	限制性片段长度多态性 随机扩增多态性DNA 随机扩增片段长度多态性DNA 简单重复序列 竞争性等位基因特异性PCR 酶切扩增多态性序列 单倍型 单核苷酸多态性 插入缺失标记 功能型分子标记 基因芯片 高通量测序 同工酶和蛋白质标记

（续表）

一级分支	二级分支	专利数量（项）	三级分支
技术分类	基因编辑	2	CRISPR、TALEN、ZFN
	转基因技术	211	RNAi、农杆菌介导法、基因枪法、花粉管通道法、将抗除草剂、抗草甘膦、抗草铵膦
	载体构建	42	组成型表达、诱导表达、组织器官特异表达、种子特异表达
	单倍体育种	60	诱导系、双单倍体
	远缘杂交	11	胚胎挽救、基因组原位杂交、体细胞融合
	诱变育种	7	甲基磺酸乙酯、辐射诱变、化学诱变、物理诱变
	基因组设计育种	0	基因组设计
	自交不亲和系亲本纯化与繁殖	13	自交不亲和系
	原生质体分离及培养	21	原生质体
	光敏不育系	2	光敏不育
	温敏不育系	1	温敏不育

▶ 1.4 相关说明

1.4.1 数据来源

本书采用的专利文献数据主要来自德温特创新索引（Derwent Innovations Index，DII）数据库。该数据库是由科睿唯安出版的基于Web的专利信息数据库，收录了来自全球40个专利发行机构的1200多万个基本发明；专利覆盖范围可追溯到1963年，引用信息可追溯到1973年，是检索全球专利最权威的数据库。

本书涉及的专利检索截止时间为2019年6月5日，考虑到专利从申请到公开的时滞（最长达 30 个月，其中包括 12 个月优先权期限和 18 个月公开期限），2017—2019 年的专利数量与实际不一致，因此不能代表这三年的申请趋势。本书所有章节的专利统计数据均是如此，不再赘述。

本次分析对象由领域专家基于专业检索后的专利结果逐条判读筛选得到，筛选标准如下：严格选择与油菜分子育种相关的专利，如某专利主要应用于其他作物，可扩展应用于油菜，则剔除。在此筛选标准下，共得到油菜分子育种相关专利 551 项。

1.4.2 分析工具

本次专利分析主要采用了科睿唯安的专业数据分析工具（Derwent Data Analyzer，DDA）和德温特专利分析和评估数据库（Derwent Innovation，DI）。DDA 是一个具有强大分析功能的文本挖掘软件，可以对文本数据进行多角度的数据挖掘和可视化的全景分析，还能够帮助情报人员从大量的专利文献或科技文献中发现竞争情报和技术情报，为洞察科学技术的发展趋势、发现行业出现的新兴技术、寻找合作伙伴，确定研究战略和发展方向提供有价值的依据。DI 数据库可提供全面、综合的内容，包括全球专利信息、科技文献以及著名的商业和新闻内容，还收录了来自全球 90 多个国家和地区的专利数据，并具有强大的分析功能和可视化工具。

此外，本次专利分析还利用了 Innography 专利分析平台的专利强度，用于筛选高质量专利。Innography 的专利强度区间为 0～100 分，评估依据包括权利要求数量、引用和被引次数、专利异议和再审查、专利分类、专利家族、专利年龄等。

1.4.3 术语解释

- 专利家族

随着科学技术的发展，专利技术的国际交流日益频繁。人们欲使其一项新发明技术获得多国专利保护，就必须将其发明创造向多个国家申请专利，由此产生了一组内容相同或基本相同的文件出版物，称一个专利家族。专利家族可分为狭义专利家族和广义专利家族两类。广义专利家族指一件专利后续衍生的所有不同的专利申请，即同一技术创造后续所衍生的其他发明，加上相关专利在其他国家所申请的专利组合。本书所述专利家族都是指广义的专利家族，专利家族数据均来自DII专利数据库中的专利家族。

- 基本专利、同族专利

在同一专利家族中，每件文件出版物互为同族专利。科睿唯安公司规定先收到的主要国家的专利为基本专利，后收到的同一发明的专利为同族专利。

- 专利项数与件数

由于本书所采用的DII专利数据库中的记录是以家族为单位进行组织的，故一个专利家族代表了一"项"专利技术，如果该项专利技术在多个国家提交申请，则一项专利对应多"件"专利。本书中所提到的专利数量以"项"为单位则代表整个专利家族，以"件"为单位则代表专利家族中的一个专利成员。

- 最早优先权年

最早优先权年指在同一专利家族中，同族专利在全球最早提出专利申请的时间。利用专利产出的优先权年份，可以反映某项技术发明在世界范围内的最早起源时间。

- 最早优先权国家/地区

最早优先权国家/地区指在同一专利家族中，同族专利在全球最早提出专利申请的国家或地区。利用专利申请的最早优先权国家/地区，可以反映某项技术发明在世界范围内最早起源的国家或地区。例如，某项专利最早优先权国家/地区为欧洲，则表示该专利家族中最早的一件专利通过欧洲专利局提出申请，该项技术起源于欧洲。

- 欧洲专利局

欧洲专利局（EPO）是根据欧洲专利公约，于1977年10月7日正式成立的一个政府间组织，其主要职能是负责欧洲地区的专利审批工作。欧洲专利局目前有38个成员国，覆盖了整个欧盟地区及欧盟以外的10个国家。通过欧洲专利局申请并授权的专利，可在欧洲专利局覆盖的全部成员国获得保护。

本书的文字和图表部分对欧洲专利局简称"欧洲"。通过分析"欧洲"的专利数量（项），可知最早优先权国为欧洲的专利技术的项数；通过分析"欧洲"的专利布局，可知在欧洲专利局申请第一件专利的专利权人随后在其他国家进行同族专利布局的情况。

- 世界知识产权组织

世界知识产权组织（World Intellectual Property Organization，WIPO）是联合国保护知识产权的一个专门机构，根据《成立世界知识产权组织公约》而设立。该公约于1967年7月14日在斯德哥尔摩签订，于1970年4月26日生效，中国于1980年6月3日加入了该组织。向WIPO申请的专利称为PCT国际专利申请，根据PCT的规定，专利申请人可以通过PCT途径递交国际专利申请，随后向多个国家申请专利。

- 高质量专利

经过统计分析 Innography 数据库中的专利强度信息，本次检索到的全部油菜分子育种专利中，Top10% 的专利强度在 60 分以上，故本书定义 Innography 专利强度 ≥ 60 分的专利为高质量专利。

- 专利转让和专利许可

专利转让是拥有专利申请权的专利权人把专利申请权和专利权让给他人的一种法律行为。转让专利申请或专利权的当事人必须订立书面合同，经专利局登记和公告后生效。

专利实施许可简称"专利许可"，是指专利技术所有人或其授权人许可他人在一定期限、一定地区、以一定方式实施其所拥有的专利，并向他人收取使用费用的一种法律行为。专利许可仅转让专利技术的使用权利，转让方仍拥有专利的所有权，受让方只获得了专利技术实施的权利，并没拥有专利所有权。

1.4.4 其他说明

本书中的"中国"专利均代表"中国大陆地区"，中国香港、中国台湾和中国澳门地区的专利信息单独列出。

由于不同产业主体之间有合作专利、不同机构之间有合作发文的情况，本书在统计专利总量和发文总量时，均已对合作专利和合作发文进行去重处理。

第 2 章
油菜分子育种全球专利态势分析

▶ 2.1 全球专利申请趋势

截至 2019 年 6 月 5 日，检索并筛选得到油菜分子育种领域全球专利 551 项。图 2.1 为全球油菜分子育种专利年代趋势，虽伴有阶段性回落，但总体呈现逐步上扬的态势。考虑到专利从申请到公开的时滞（最长达 30 个月，其中包括 12 个月优先权期限和 18 个月公开期限），2017—2019 年的专利数量与实际不一致，因此不能完全代表这 3 年的申请趋势。

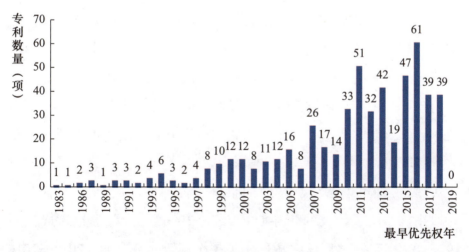

图 2.1　全球油菜分子育种专利年代趋势

全球油菜分子育种相关的最早一项专利出现于1983年，是由法国农业科学研究院申请的WO1984003606A1：Somatic hybridisation of rape by protoplast fusion——giving varieties with male sterility and without low temp. chlorophyll deficiency。该专利内容提及了通过原生质体融合进行油菜体细胞杂交的方法。

图2.2为全球油菜分子育种专利技术生命周期图，该图以两年作为一个节点绘制，以每个节点的专利权人数量为横坐标、专利数量为纵坐标，通过专利权人数量和专利数量的逐年变化关系，揭示全球油菜分子育种专利技术所处的发展阶段。需要特别说明的是，技术生命周期图中的专利权人数量为排除个人后的机构数量。通常意义上，技术生命周期可划分为五个阶段：萌芽期，社会对该技术了解不多，投入意愿低，机构进行技术投入的热情不高，专利数量和专利权人数量都不多；成长期，产业技术有了突破性的进展，或是各个专利权人根据市场估值的判断，投入大量精力进行研发，该阶段专利数量和专利权人数量急剧上升；成熟期，此时除少数专利权人外，大多数专利权人已经不再投入研发力量，也没有新的专利权人愿意进入该市场，此时的专利数量及专利权人数量增加的趋势逐渐缓慢；衰退期，产业技术研发或是因为遇到技术瓶颈难以突破，或是因为产业发展已经过于成熟而趋于停滞，专利数量及专利权人数量在逐步减少；恢复期，随着技术的革新与发展，原有的技术瓶颈得到突破，之后带来新一轮专利数量的增加。

从图2.2中可以看出，全球油菜分子育种技术从1983年有专利公开以来，经历了较长的萌芽期（1983—1996年），随后进入成长期（1997—2012年），之后该领域迎来了一次短暂的衰退期（2013—2014年），在突破技术瓶颈后，从2015年至今处于迅速成长期，专利数量与专利权人数量增长较快。2017—2018 年的专利数量数据不完整，所以其曲线上的回落并不代表技术衰退。

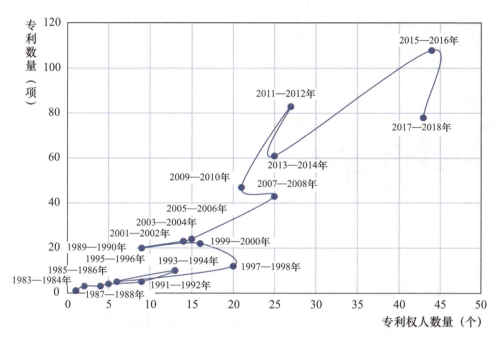

图 2.2　全球油菜分子育种专利技术生命周期图

2.2　全球专利地域分析

2.2.1　全球专利来源国家/地区分析

图 2.3 为全球油菜分子育种专利主要来源分布，最早优先权国家/地区在一定程度上反映了该技术的来源地。从图中可以看出，专利数量排名前五的国家/地区依次是中国大陆、美国、加拿大、欧洲、韩国。其中，中国大陆为油菜分子育种专利技术的主要来源国家/地区，专利数量为 304 项，占全部专利的 55.17%；美国专利数量为 188 项，占全部专利的 34.12%；其他国家的专利数量占比非常低。

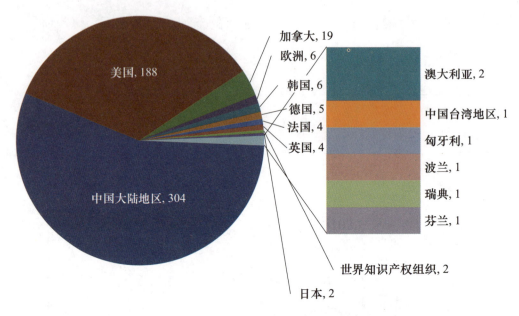

图 2.3　全球油菜分子育种专利主要来源分布（单位：项）

表 2.1 显示了全球油菜分子育种主要专利来源国家/地区的活跃机构及活跃度。可以看出，中国和加拿大在该领域的研发活动起步晚于美国，于 1993 年开始有油菜分子育种相关专利出现，但中国 2016—2018 年的活跃度很高，全部的 304 项专利中，有 38% 的专利均是在这段时间申请的，主要的专利申请机构包括中国农业科学院油料作物研究所、华中农业大学，主要涉及技术包括转基因技术、分子标记辅助选择和载体构建。美国是油菜分子育种领域专利数量前三的国家中最早申请专利的国家，其中杜邦公司的专利数量为 65 项，占美国全部专利数量的 34.57%，可见该公司的技术实力较为雄厚。美国相关专利涉及技术主要包括转基因技术、单倍体育种和原生质体分离及培养，加拿大相关专利也主要与转基因技术和单倍体育种相关。

第 2 章　油菜分子育种全球专利态势分析

表 2.1　全球油菜分子育种主要专利来源国家/地区活跃机构、活跃度及主要技术分布

国家/地区	专利数量（项）	活跃机构	年代跨度（年）	2016—2018年专利数量占比	主要技术分布（项）
中国	304	中国农业科学院油料作物研究所[49]；华中农业大学[38]；西北农林科技大学[12]	1993—2018	38%	转基因技术[103]；分子标记辅助选择[68]；载体构建[32]
美国	188	杜邦公司[65]；Agrigenetics公司[50]；陶氏化学[30]	1985—2018	10%	转基因技术[68]；单倍体育种[33]；原生质体分离及培养[14]
加拿大	19	杜邦公司[10]；拜耳作物科学[2]；	1993—2017	16%	转基因技术[15]；单倍体育种[12]

2.2.2　全球专利受理国家/地区分析

对一般企业和研究机构而言，专利首先会选择在本国申请，一些竞争力强、技术保护意识好的企业为保持自己在市场中的主导地位，构建目标区域专利壁垒或有意愿全面开拓目标市场并增强知识产权防御能力，会考虑在国外开展专利布局。因此，一个国家/地区的专利受理情况，在某种程度上反映了技术的流向，也反映出其他国家对该国市场的重视程度。

将油菜分子育种领域全球 551 项专利家族展开后得到 1076 件同族专利。图 2.4 显示了全球油菜分子育种领域 1076 件同族专利的受理情况。其中，中国受理的专利有 336 件，约占全球油菜分子育种专利总量的 31.22%，是全球最受重视的技术市场；美国受理的专利有 216 件，约占全球油菜分子育种专利总量的 20.24%。

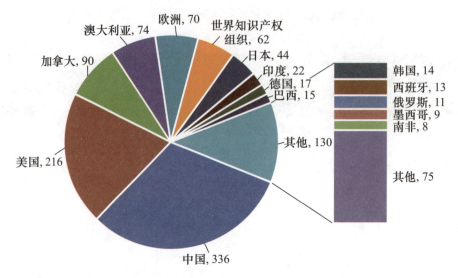

图 2.4　全球油菜分子育种专利受理分析（单位：件）

2.2.3　全球专利技术流向

借助技术起源地（专利最早优先权国家/地区）与技术扩散地（专利受理国家/地区）之间的关系，可以探讨专利数量排名前四的国家间的技术流向特点。全球油菜分子育种专利数量排名前四国家的技术流向如图 2.5 所示。从图 2.5 中可以看出，经美国、加拿大和欧洲专利局输出的专利比例都较高，均有 15%～30% 的专利流向其他三个国家专利局，经中国输出的专利最少，仅在美国、加拿大和欧洲专利局共申请了 5 件专利，占中国全部专利件数的 1.59%。

值得注意的是，图 2.5 中显示了专利家族展开同族前后的专利项数和件数，中国专利共 304 项/315 件，美国专利共 188 项/529 件，可以看出，平均每项美国专利家族拥有的同族专利数量都为中国专利家族的 3 倍左右，说明美国专利在技术分布、地域布局等方面比中国专利考虑得更加全面和细致。

第 2 章　油菜分子育种全球专利态势分析

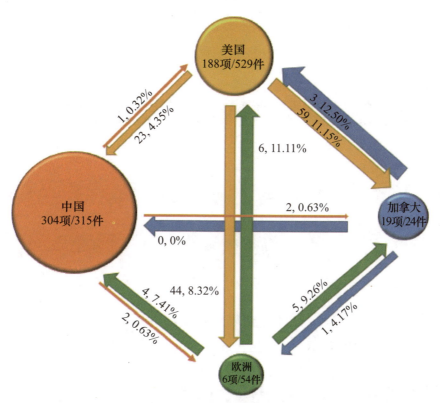

图 2.5　全球油菜分子育种专利数量排名前四国家的技术流向

2.2.4　全球专利同族和引用

本小节对全球主要国家专利家族展开后的每件专利都进行引用情况统计。油菜分子育种技术全球专利家族为 551 项，展开后同族专利共计 1076 件。

全球主要国家/地区油菜分子育种技术同族专利与引用统计如表 2.2 所示。从表 2.2 中可以看出，同族专利数量排名前五的国家中，美国在油菜分子育种领域的同族专利数量是全球最多的，达 529 件，专利的平均被引次数为 7.78，也排名第一。德国的专利数量不多，但平均被引次数高达 5.78，说明德国和欧洲专利局的专利继承性高，专利间的相关关系强。中国的同族专利数量排名第二，共 315 件，但平均被引频次仅 0.79，远低于其他几个国家/地区，说明中国专利的继承性较差，值得引起中国专利权人的重视。

表 2.2 全球主要国家/地区油菜分子育种技术同族专利与引用统计

排名	专利来源国家/地区	专利数量（件）	施引专利数量（件）	平均被引次数
1	美国	529	4116	7.78
2	中国	315	250	0.79
3	欧洲	54	115	2.13
4	德国	40	231	5.78
5	法国	30	70	2.33

2.2.5 主要国家/地区专利质量对比

图 2.6 是油菜分子育种专利数量排名前五的国家/地区专利质量对比，图中专利强度区间所列的分值为 Innography 数据库中获取到的

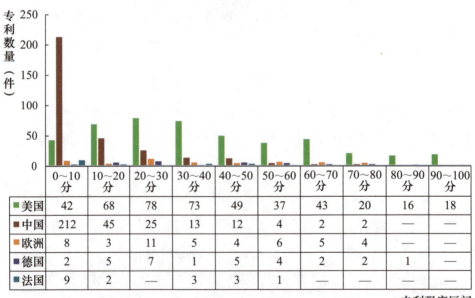

图 2.6 油菜分子育种专利数量排名前五的国家/地区专利质量对比

专利强度区间信息。从 Innography 数据库获取到有专利强度值的美国专利共 444 件，中国专利 315 件，欧洲专利 46 件，德国专利 29 件，法国专利 18 件。其中，美国 60 分及以上专利共 97 件，占其全部专利（529 件）的 18.34%，中国 60 分及以上的专利仅 4 件，占其全部专利（315 件）的 1.27%。由此可见，美国高分专利占比更高，专利总体质量更高。

2.3 全球专利技术和应用分析

2.3.1 全球专利技术分布

图 2.7 为全球油菜分子育种专利技术分布，可以看出，转基因技术相关专利数量最多，共 211 项，是目前研究最为热门和集中的技术；专利数量排名第二的技术分类为分子标记辅助选择，相关专利有 83 项；排名第三和第四的技术分类分别为单倍体育种和载体构建，相关专利分别有 60 项和 42 项。诱变育种、光敏不育系、基因编辑、温敏不育系相关的油菜分子育种专利数量较少，均在 10 项以下。

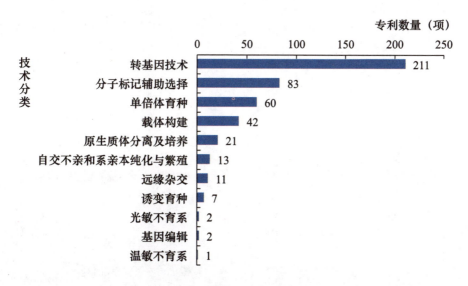

图 2.7　全球油菜分子育种专利技术分布

表 2.3 展示了全球油菜分子育种专利技术详细分析。可以看出，转基因技术、原生质体分离及培养、远缘杂交相关专利研究发展较早，均始于 20 世纪 80 年代；载体构建、自交不亲和系亲本纯化与繁殖、基因编辑相关专利均始于 20 世纪 90 年代，结合各技术分类专利数量和 2016—2018 年的专利数量占比，可推测远缘杂交、诱变育种和基因编辑是油菜分子育种近些年新兴发展的技术领域，值得重点关注。

表 2.3　全球油菜分子育种专利技术详细分析

排名	技术分类	专利数量（项）	年代跨度（年）	2016—2018 年专利数量占比	主要专利权人专利数量（项）	主要国家/地区专利数量（项）
1	转基因技术	211	1983—2018	19%	杜邦公司 [41]；中国农业科学院油料作物研究所 [22]；拜耳作物科学 [8]	中国 [103]；美国 [68]；加拿大 [15]
2	分子标记辅助选择	83	2003—2018	35%	中国农业科学院油料作物研究所 [18]；华中农业大学 [18]；杜邦公司 [6]	中国 [68]；美国 [12]
3	单倍体育种	60	2006—2018	18%	杜邦公司 [43]；成都市农林科学院 [5]；华中农业大学 [3]	美国 [33]；中国 [15]；加拿大 [12]
4	载体构建	42	1992—2018	31%	华中农业大学 [4]；中国农业科学院油料作物研究所 [4]	中国 [32]；美国 [4]；加拿大 [2]；欧洲 [2]
5	原生质体分离及培养	21	1983—2017	5%	杜邦公司 [8]；陶氏化学 [4]；中国农业科学院油料作物研究所 [3]	美国 [14]；中国 [5]
6	自交不亲和系亲本纯化与繁殖	13	1994—2018	15%	华中农业大学 [5]；西北农林科技大学 [2]	中国 [11]
7	远缘杂交	11	1983—2018	55%	成都市农林科学院 [3]；华中农业大学 [2]	中国 [9]

第 2 章 油菜分子育种全球专利态势分析

（续表）

排名	技术分类	专利数量（项）	年代跨度（年）	2016—2018年专利数量占比	主要专利权人专利数量（项）	主要国家/地区专利数量（项）
8	诱变育种	7	2011—2018	71%	成都市农林科学院[1];西北农林科技大学[1];西南大学[1]	中国[7]
9	光敏不育系	2	2001—2010	0%	华中农业大学[1];西北农林科技大学[1]	中国[2]
10	基因编辑	2	1997—2018	50%	麦吉尔大学[1];武汉市农业科学院[1]	中国[1];美国[1]
11	温敏不育系	1	2016—2016	100%	云南农业大学[1]	中国[1]

从各技术分类的主要专利权人可看出，杜邦公司、中国农业科学院油料作物研究所、华中农业大学是油菜分子育种领域主要技术分类的专利权人，不但专利数量多，而且涉及技术分类广，整体专利申请实力强。从"主要国家/地区专利数量"一列可看出，中国是油菜分子育种领域转基因技术、分子标记辅助选择和载体构建相关专利的主要来源国，美国在单倍体育种、原生质体分离及培养两个技术分类的相关专利数量超过中国。

分析各技术分类的年度专利数量，可以看出全球油菜分子育种领域各类技术的发展趋势和走向。图 2.8 和图 2.9 分别列出了 1980—1999 年和 2000—2018 年全球油菜分子育种各技术分类年度专利数量，由于 1980 年以前专利数量很少，因此图 2.8 中年代跨度为 1983—1999 年。从图中可以看出，转基因技术、原生质体分离及培养、远缘杂交技术起源最早，但原生质体分离及培养、远缘杂交专利申请不连续，发展较慢，转基因技术自 1990 年起持续有相关专利申请，可见该领域为目前的研究重点并且应用范围广阔。分子标记辅助选择和单倍体育种相关专利申请起步较晚，但近 10 年其专利数量较为稳定，可推测该技术发展已相对成熟。

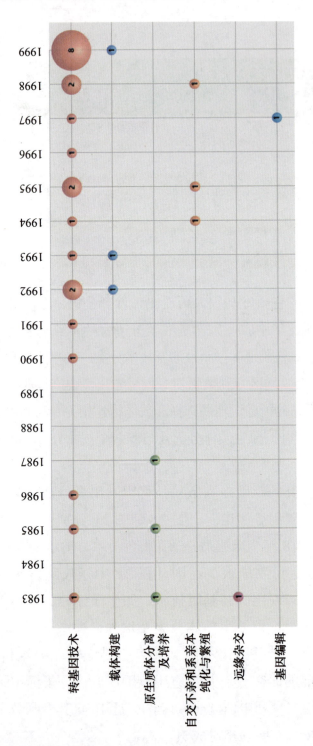

图 2.8 全球油菜分子育种各技术分类年度专利数量（1980—1999 年）（单位：项）

第 2 章 油菜分子育种全球专利态势分析

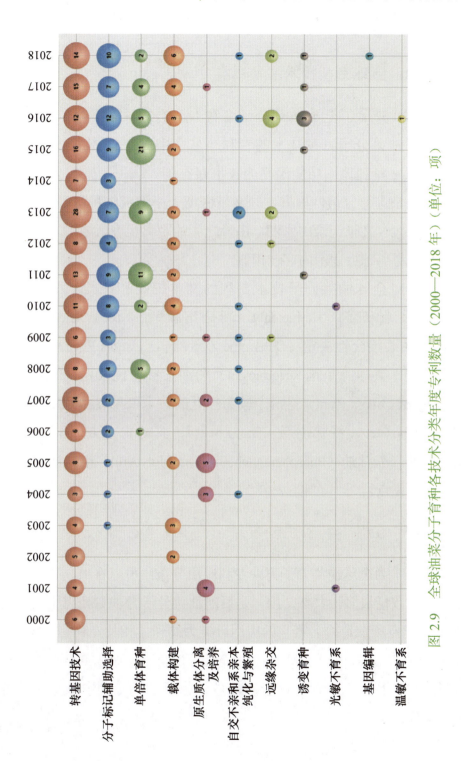

图 2.9 全球油菜分子育种各技术分类年度专利数量（2000—2018 年）（单位：项）

2.3.2 全球专利技术主题聚类

图 2.10 展示了全球油菜分子育种专利技术主题聚类，该图是基于全球油菜分子育种技术的专利题名、摘要在 DI 数据库中利用 ThemeScape 专利地图功能绘制的技术聚类图。该主题聚类会将相似的主题记录进行分组，根据主题文献密度大小形成体积不等的山峰，山峰高度代表文献记录的密度，山峰之间的距离代表区域中文献记录的关系，距离越近表示内容越相似。

通过对全球油菜分子技术专利的文本挖掘和聚类，发现病害（Disease）、除草剂（Herbicidal）、新分离核酸（New Isolated Nucleic Acid）、油菜接合性决定（Determine Zygosity of Canola Plant）这几类最为集中，其中除草剂（Herbicidal）和油菜接合性决定（Determine Zygosity of Canola Plant）是两个较为独立的技术聚集点。另外，草甘膦（Glyphosate）、性状位点（Trait Locus）、亚麻酸（Linolenic）及磷脂酰胆碱二酰甘油（Phosphatidylcholine Diacylglycerol）也是油菜分子技术的聚集点。

2.3.3 全球专利应用分布

图 2.11 为全球油菜分子育种专利应用分布，可以看出，高抗领域相关专利数量最多，共 227 项，是目前油菜分子育种专利应用最广泛的领域；专利数量排名第二的应用分类为高产，相关专利有 105 项；排名第三和第四的应用分类分别为高油和高效，高附加值相关专利数量最少，目前仅 4 项，该应用领域作为目前的专利申请空白，可重点关注。

第 2 章 油菜分子育种全球专利态势分析

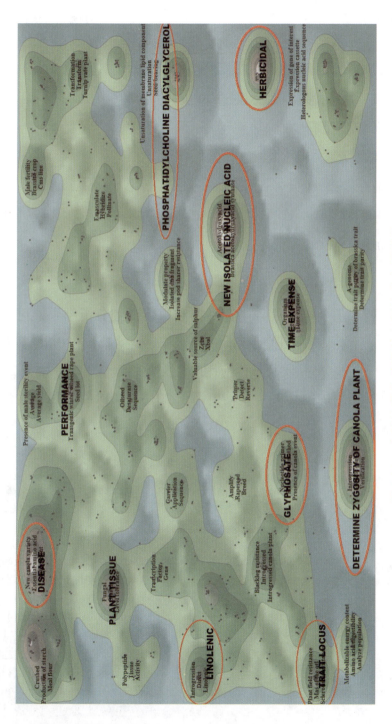

图 2.10 全球油菜分子育种专利技术主题聚类

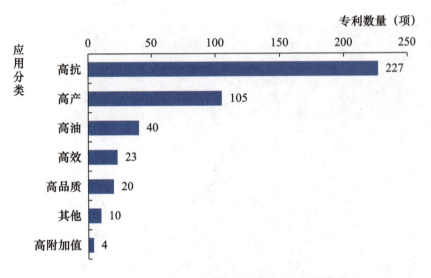

图 2.11　全球油菜分子育种专利应用分布

表 2.4 展示了全球油菜分子育种专利应用详细分析结果，可以看出，高抗和高油领域的相关专利研究起步较早，均始于 20 世纪 80 年代；高产、高效、高品质及其他应用的相关专利起步稍晚，始于 20 世纪 90 年代；高附加值相关专利均申请于 2016—2018 年，可作为新兴应用领域重点关注。

表 2.4　全球油菜分子育种专利应用详细分析

排名	应用分类	专利数量（项）	年代跨度（年）	2016—2018 年专利数量占比	主要专利权人专利数量（项）	主要国家/地区专利数量（项）
1	高抗	227	1986—2018	22%	杜邦公司 [65]；Agrigenetics公司 [49]；陶氏化学 [24]	美国 [142]；中国 [64]；加拿大 [15]
2	高产	105	1991—2018	18%	杜邦公司 [25]；Agrigenetics公司 [18]；华中农业大学 [7]	中国 [52]；美国 [49]；加拿大 [2]
3	高油	40	1987—2018	22%	杜邦公司 [7]；Agrigenetics公司 [3]；中国农业科学院油料作物研究所 [3]	中国 [23]；美国 [13]；世界知识产权组织 [2]

第 2 章 油菜分子育种全球专利态势分析

（续表）

排名	应用分类	专利数量（项）	年代跨度（年）	2016—2018年专利数量占比	主要专利权人专利数量（项）	主要国家/地区专利数量（项）
4	高效	23	1997—2018	30%	陶氏化学 [5]；Agrigenetics公司 [2]；华中农业大学 [2]	中国 [15]；美国 [8]
5	高品质	20	1990—2018	15%	Agrigenetics公司 [5]；华中农业大学 [3]；陶氏化学 [2]	中国 [11]；美国 [9]
6	其他	10	1997—2018	40%	杜邦公司 [4]；陶氏化学 [2]；拜耳作物科学 [2]	美国 [5]；加拿大 [4]
7	高附加值	4	2016—2018	100%	湖南德宇农林发展有限公司 [1]；江西农业大学 [1]	中国 [4]

从各技术分类的主要专利权人专利数量可看出，杜邦公司、Agrigenetics 公司和华中农业大学是油菜分子育种领域主要应用分类的专利权人，尤其是杜邦公司，在高抗、高产、高油领域专利数量都是最多的，Agrigenetics 公司在高抗、高产和高品质领域的相关专利数量较多。4 项与高附加值相关的专利均由中国专利权人申请，这些专利权人需要重视本应用领域的专利在国外的布局和保护，以防其他机构提前占领该性状油菜在国外的市场。从"主要国家/地区专利数量"一列可看出，美国是高抗领域相关专利的主要来源国家，其他应用领域的专利则主要来源于中国。

分析各应用分类的年度专利数量，可以看出全球油菜分子育种领域各类应用的发展趋势和走向。图 2.12 和图 2.13 分别列出了 1986—1999 年和 2000—2018 年全球油菜分子育种各应用分类年度专利数量。从图中可以看出，高抗和高油两类应用起源最早，但高油相关专

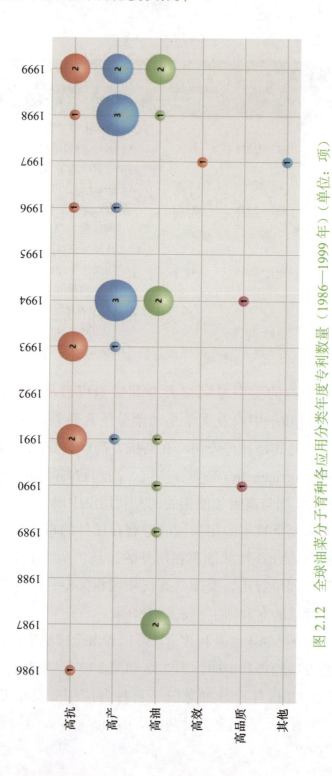

图 2.12 全球油菜分子育种各应用分类年度专利数量（1986—1999 年）（单位：项）

第 2 章 油菜分子育种全球专利态势分析

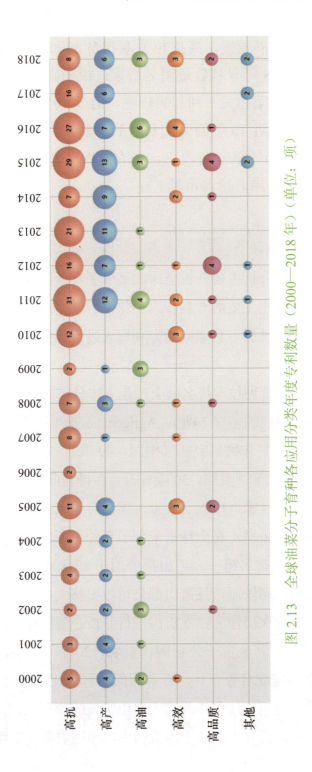

图 2.13 全球油菜分子育种各应用分类年度专利数量（2000—2018 年）（单位：项）

利申请不连续，发展较慢，高抗相关专利自 2000 年至今持续有申请，且 2014—2018 年专利数量明显增多，说明高抗油菜相关研发越发成熟。高产油菜相关专利起步较晚，但近 10 年专利数量较多，可推测该应用领域近 10 年的研究和进展都较快。此外，高效和高品质油菜相关专利数量一直较少，如在这两个领域的研究发展有所突破则可优先布局、抢占市场。

2.4 主要产业主体分析

主要产业主体分析主要分析全球油菜分子育种领域专利权人的专利产出数量，遴选出主要的专利权人，作为后续多维组合分析、评价的基础，通过对清洗后专利家族的专利权人进行分析，可以了解该领域的主要研发机构。

全球油菜分子育种技术排名前十产业主体分布如图 2.14 所示，具体包括杜邦公司（美国，77 项）、Agrigenetics 公司（美国，51 项）、中国农业科学院油料作物研究所（中国，49 项）、华中农业大学（中国，39 项）、陶氏化学（美国，30 项）等。在排名前十的产业主体中，来自美国的机构有 4 家，中国有 5 家，德国有 1 家。其中，杜邦公司是全球知名的农业公司，在全球玉米分子育种专利分析结果中，杜邦公司的专利数量也排名第一。孟山都公司于 2018 年 6 月被拜耳公司收购，由于收购时间较短，且孟山都公司历史悠久并在农化领域有着较大的影响力，此次仍作为独立机构进行分析。陶氏化学农业领域相关专利大多来源于其全资子公司陶氏益农，2017 年 8 月，陶氏化学与杜邦公司成功完成对等合并，合并后的名称为"陶氏杜邦"，鉴于两家机构合并时间不长且合并前均为农化领域的领军机构，这里也作为两家独立机构进行分析。在中国机构中，中国农业科学院油料作物研究所和华中农业大学的专利数量都较多，其他几家机构也均为高校和科研院所，可见中国在油菜分子育种领域的专利申请还集中在科研单位排名前十产业主体中未出现企业，说明中国在该领域的产业化较少，还有待发展。

图 2.14　全球油菜分子育种技术排名前十产业主体分布

表 2.5 列出了全球油菜分子育种技术排名前十产业主体活跃度和主要技术应用特长。杜邦公司在油菜分子育种领域的研究起步最早，相关专利始于 1987 年，且至今一直有专利产出，主要涉及单倍体育种、转基因技术、原生质体分离及培养、高抗、高产等。Agrigenetics 公司在本领域起步较晚，相关专利始于 2000 年，但发展迅速，2016—2018 年的专利数量占其全部专利的 18%，主要涉及高抗和高产应用领域，可以重点关注该公司在高抗油菜、高产油菜领域的发展。中国农业科学院油料作物研究所的专利申请的年代跨度为 2004—2018 年，且 2016—2018 年的专利数量占比高达 29%，

可见该研究所 2016—2018 年的研发力量投入和研究成果都非常突出，专利活跃度非常高，相关专利主要涉及转基因技术和分子标记辅助选择。华中农业大学 2016—2018 年的专利数量占比也高达 26%，专利活跃度也非常高。陶氏化学的专利申请年代跨度为 1991—2014 年，2015—2018 年没有油菜分子育种相关专利产出，推测与其产业结构调整有关，没有继续在油菜分子育种领域进行专利布局。

表 2.5　全球油菜分子育种技术排名前十产业主体活跃度和主要技术应用特长

排名	专利权人	专利数量（项）	年代跨度（年）	2016—2018年专利数量占比	主要技术专利数量分布（项）	主要应用专利数量分布（项）
1	杜邦公司	77	1987—2018	8%	单倍体育种 [43]；转基因技术 [41]；原生质体分离及培养 [8]	高抗 [65]；高产 [25]；高油 [7]
2	Agrigenetics 公司	51	2000—2017	18%	转基因技术 [1]	高抗 [49]；高产 [18]；高品质 [5]
3	中国农业科学院油料作物研究所	49	2004—2018	29%	转基因技术 [22]；分子标记辅助选择 [18]；载体构建 [4]	高抗 [6]；高油 [3]；高产 [2]
4	华中农业大学	39	1994—2018	26%	分子标记辅助选择 [18]；转基因技术 [7]；自交不亲和系亲本纯化与繁殖 [5]	高产 [7]；高抗 [4]；高品质 [3]
5	陶氏化学	30	1991—2014	0%	转基因技术 [6]；分子标记辅助选择 [5]；原生质体分离及培养 [4]	高抗 [24]；高效 [5]

（续表）

排名	专利权人	专利数量（项）	年代跨度（年）	2016—2018年专利数量占比	主要技术专利数量分布（项）	主要应用专利数量分布（项）
6	西北农林科技大学	12	2004—2018	42%	转基因技术 [3]；自交不亲和系亲本纯化与繁殖 [2]	高产 [2]
7	江苏省农业科学院	11	1994—2017	18%	转基因技术 [4]；载体构建 [2]；单倍体育种 [2]	高产 [3]
8	孟山都公司	9	1990—2015	0%	转基因技术 [7]	高抗 [4]
9	成都市农林科学院	9	2016—2018	100%	单倍体育种 [5]；远缘杂交 [3]；转基因技术 [2]；分子标记辅助选择 [2]	高效 [1]
10	拜耳作物科学	9	1998—2017	22%	转基因技术 [8]；单倍体育种 [2]	高抗 [2]；其他 [2]

2.4.1 主要产业主体的专利申请趋势

图2.15列出了全球油菜分子育种排名前五产业主体年度专利数量，从中可以看出本领域主要机构的专利申请起步时间和发展趋势。

杜邦公司于1987年开始申请油菜分子育种相关专利2项，分别为EP323753A1：Improved rapeseed(s)-have high oleic acid, and low erucic acid content 和 EP566216A2：Improved rapeseed exhibiting enhanced oleic acid content-yields vegetable oil of increased heat stability in combination with other desirable traits，这2项专利均与高油相关，之后的专利申请不连续、数量少，直至2011年专利数量有所上升，年度专利数量为16项，2016年至今专利数量又有所下降。

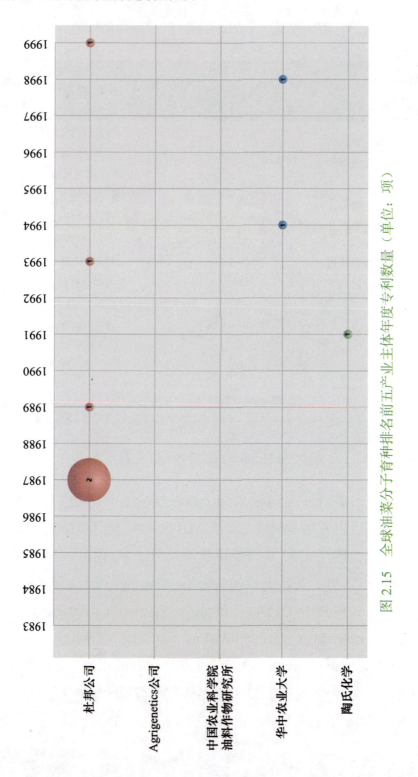

图 2.15 全球油菜分子育种排名前五产业主体年度专利数量（单位：项）

第 2 章 油菜分子育种全球专利态势分析

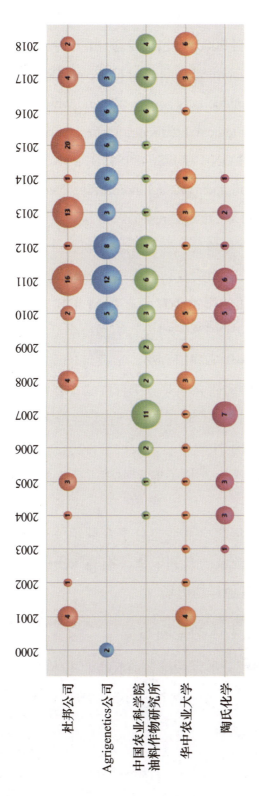

图 2.15 全球油菜分子育种排名前五产业主体年度专利数量（单位：项）（续）

Agrigenetics 公司自 2000 年起有 2 项相关专利申请，分别为 US6433254B1：An agronomically superior high oleic Brassica napus oleifera annua variety, having a unique fatty acid profile and which exhibits extensive morphological and physiological differences to check varieties e.g. LEGEND, A.C. EXCEL and CYCLONE 和 US6489543B1：New seed of Brassica napus variety, useful for producing an agronomically superior variety of canola crops with increased yield and disease resistance，这 2 项专利均与高产、高抗相关，但 2001—2009 年该公司在本领域专利数量为 0，从 2010 年至今，专利数量有所增长，相关专利申请较为稳定。

中国农业科学院油料作物研究所自 2004 年起进行油菜分子育种相关专利的申请，第一项相关专利为 CN1586160A：油菜细胞质雄性不育+自交不亲和杂种优势利用方法，至今每年均有一定数量的专利产出，该研究所也是中国研究油菜分子育种的主要核心研究机构。

华中农业大学自 1994 年开始申请油菜分子育种相关专利 CN1125504A：高产优质甘蓝型油菜杂种制种方法，但随后专利申请有所间断，从 2001 年至今，相关专利申请有所恢复和增长，但总体来看专利数量不多。

陶氏化学自 2003 年起申请油菜分子育种相关专利逐渐增多，但 2015 年至今停止了该领域的专利申请，推测陶氏化学暂停了油菜领域的专利布局，转向其他作物市场。

2.4.2　主要产业主体的专利布局

图 2.16 为全球油菜分子育种排名前五产业主体的专利布局。图中的横轴代表各产业主体在各国家/地区的专利数量（件），纵轴代表专利公开国家/地区。

第 2 章　油菜分子育种全球专利态势分析

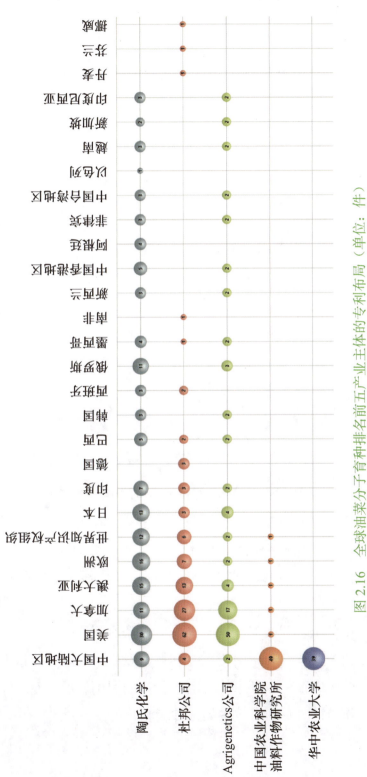

图 2.16　全球油菜分子育种排名前五产业主体的专利布局（单位：件）

57

从图中可看出，杜邦公司、Agrigenetics 公司和陶氏化学的专利布局非常广泛，布局国家超过 10 个，主要布局国家/地区包括美国、加拿大、澳大利亚、欧洲、中国等，反映出这几家大型公司完善的专利布局战略。反观中国农业科学院油料作物研究所和中国农业大学，二者都是中国油菜分子育种领域的主要研究机构，油料作物研究所共申请相关专利 54 件，其中 49 件在中国申请；中国农业大学共申请 39 件专利，全部在中国申请，专利布局相较国外三家公司差距很大，全球专利布局意识有待增强。

2.4.3 主要产业主体的专利技术分析

主要产业主体技术对比分析是对主要产业主体投资的技术领域进行对比分析，深入了解产业主体的专利布局情况、透析各产业主体的技术核心。图 2.17 为全球油菜分子育种专利排名前五产业主体技术分布，从图中可以详细看出各产业主体的技术分布、不同的技术侧重点及特长。

2.4.4 杜邦公司油菜分子育种专利核心技术发展路线

据统计，杜邦公司在油菜分子育种领域共申请 77 项专利家族、137 件专利。针对这 77 项专利家族，通过专利家族的前后引证关系绘制出杜邦公司的专利核心技术路线，如图 2.18 所示，图中所列只是部分，不能代表该公司的全部专利，其中浅色文字代表已失效专利。

图 2.18 中的横轴代表时间，整体分为五个时间段，箭头指向的方向代表该专利被后续专利所引用。专利技术发展路线图中均选取一件专利家族成员代表整个专利家族，箭头所指的引用表示对专利家族的引用情况，并非针对专利家族中的某件专利。

第 2 章 油菜分子育种全球专利态势分析

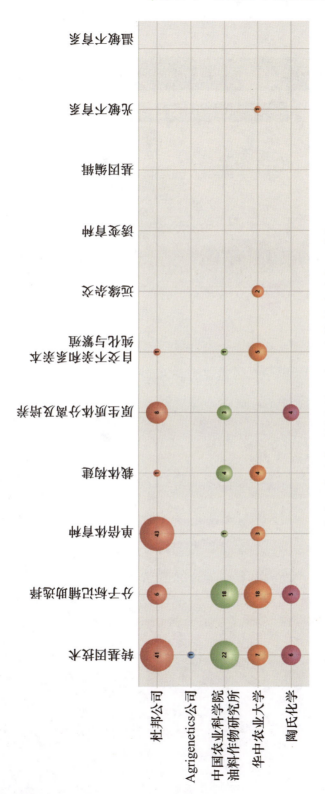

图 2.17 全球油菜分子育种专利排名前五产业主体技术分布（单位：项）

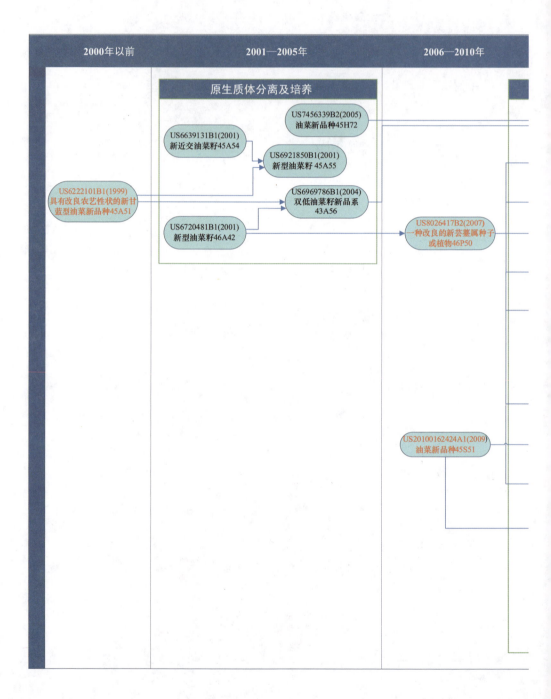

图 2.18 杜邦公司油菜分子育种

第 2 章 油菜分子育种全球专利态势分析

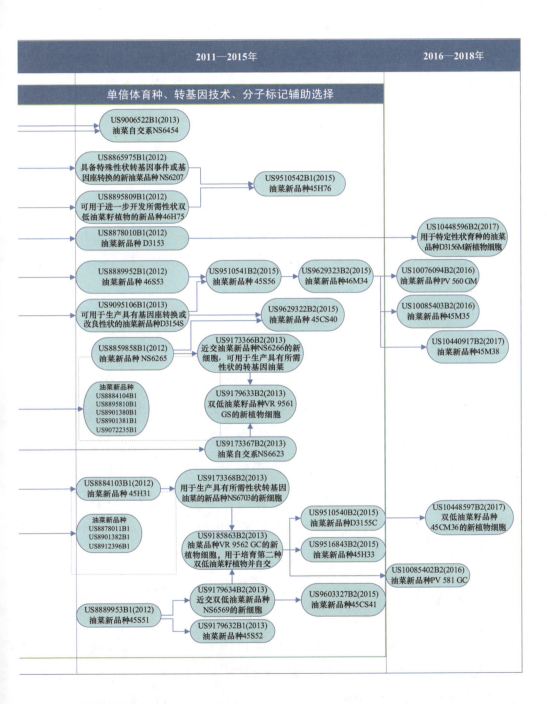

专利核心技术发展路线图

从整体来看，杜邦公司在油菜分子育种领域的专利布局较为完善，其大部分专利继承性高、引用网络完整，从2001—2005年的一批与原生质体分离及培养相关的专利到后来的与单倍体育种、转基因技术和分子标记辅助选择相关的一系列专利，杜邦公司的专利涉及的技术领域也不断丰富。其专利涉及的应用领域包括高抗、高产、高油，产出的油菜也从具有单一性状逐渐发展成为具有复合性状。

1999年杜邦公司申请了一项油菜转基因育种的专利US6222101B1：New Brassica napus canola cultivar 45A51 with improved agronomic traits, useful in production of oil e.g. cooking oil and meal for animal feed, and improved hybrid and genetically engineered plants and seeds，该专利目前已失效。2001年杜邦公司申请了一项涉及油菜原生质体分离及培养的高质量专利US6720481B1：Novel canola seed designated 46A42 (ATCC Accession No. PTA-5335), useful for producing commercial canola crops on a reliable basis and in the production of an edible vegetable oil or other food products，专利强度为80分。2004年，在US6222101B1和US6720481B1这两项专利基础上，杜邦公司申请了采用原生质体分离及培养的方法进行油菜育种的专利US6969786B1：New canola seed line 43A56, useful for producing canola lines and hybrids with desired traits, e.g. male sterility, resistance to diseases and insects, tolerance to heat and drought, greater yield, or better agronomic quality，该品种的油菜具有抗虫、抗病、耐高温、耐干旱、高产和具有更好的农艺品质等多重优势。2013年杜邦公司引用此专利申请了同时包含油菜转基因技术和单倍体育种的专利US9006522B1：New canola variety NS6454 useful for producing canola plant with desired trait e.g. male sterility, abiotic stress tolerance, altered phosphorus, altered antioxidants and altered fatty acids，该品种的油菜具有雄性不育、抗非生物胁迫的特性。

基于 2007 年申请的一项专利 US8026417B2：High oil hybrid Brassica line 46P50，杜邦公司在 2012 年申请了一系列油菜新品种专利，具体如图 2.18 所示，且基于该专利引证网络进行申请的后续专利非常多，相关专利申请一直持续到 2017 年，最新的专利申请有 US10448596B2：Canola variety D3156M，US10440917B2：Canola variety 45M38。2007 年的这项专利 US8026417B2 目前处于已失效状态，其他机构可以无偿使用此专利。

2012 年，杜邦公司申请了一项油菜单倍体育种专利 US8889953B1：New canola variety 45S51, useful in breeding methods for producing plants having desired traits e.g. from male sterility, site-specific recombination, abiotic stress tolerance, and insect resistance，该品种油菜的特性包括雄性不育、特定位点的重组、抗非生物胁迫和抗虫。在此专利基础上，该公司在 2013 年申请了另一项高质量专利 US9185863B2：New plant cell from canola variety VR 9562 GC, useful to breed second canola plant and inbred, to produce cleaned and treated canola seed, to produce commodity product e.g. seed oil, as recipient of locus conversion and to grow a crop，专利强度 63 分，该专利涉及的技术包括单倍体育种和转基因育种，基于此专利网络的专利申请也持续至今，最新一项专利是 2017 年申请的 US10448597B2：Canola variety 45CM36。

图 2.18 中所列专利的详细信息如表 2.6 所示。

表 2.6 杜邦公司油菜分子育种专利核心技术发展路线图专利详情

公开号	申请日期	标题	施引专利数量（件）	专利强度（分）区间	法律状态	预估的截止日期
WO1992003919A1	1991-08-28	New Brassica napus seeds, plants and oils for food prods. have high oleic acid, low linoleic acid, high or low palmitic acid, low stearic acid and low linoleic and linolenic acid	56	—	失效	—
US5387758A	1993-01-29	Rapeseed oil with reduced satd. fatty acid content obtd. from plants derived using chemical and/or gamma irradiation mutagenesis	79	—	失效	—
US5625130A	1995-03-07	Mature brassica oil seed comprising an oil with an improved distribution of fatty acids	85	—	失效	—
US6222101B1	1999-02-24	New Brassica napus canola cultivar 45A51 with improved agronomic traits, useful in production of oil e.g. cooking oil and meal for animal feed, and improved hybrid and genetically engineered plants and seeds	8	30~40	失效	—
US6720481B1	2001-02-27	Novel canola seed designated 46A42 (ATCC Accession No. PTA-5335), useful for producing commercial canola crops on a reliable basis and in the production of an edible vegetable oil or other food products	27	80~90	有效	2021-02-27
US6639131B1	2001-02-28	New inbred canola seed, 45A54, useful in producing edible salad or cooking oil or as a livestock feed	4	30~40	有效	2021-02-28
US6921850B1	2001-12-31	New seed of a canola variety 45A55, useful for producing a commercial crop having superior characteristics, for producing an edible vegetable oil or other food products and as a nutritious livestock feed	3	40~50	有效	2023-01-20

第2章 油菜分子育种全球专利态势分析

（续表）

公开号	申请日期	标题	施引专利数量（件）	专利强度（分）区间	法律状态	预估的截止日期
US6969786B1	2004-03-04	New canola seed line 43A56, useful for producing canola lines and hybrids with desired traits, e.g. male sterility, resistance to diseases and insects, tolerance to heat and drought, greater yield, or better agronomic quality	4	30~40	有效	2024-03-04
US7456339B2	2005-07-14	New canola variety 45H72, useful for producing hybrids with desired traits such as herbicide, insect, pest or disease resistance	52	80~90	有效	2025-07-14
US8026417B2	2007-04-24	High oil hybrid Brassica line 46P50	17	—	失效	—
US20100162424A1	2009-12-18	New canola variety 45S51 useful for producing seed, plant, and transgenic plant having desired trait e.g. herbicide resistance, and inbred canola plant useful for producing edible vegetable oil or food products and livestock feed	5	20~30	失效	—
US8889952B1	2012-08-06	New canola variety 46S53, useful for developing further canola plants and varieties with desired traits, e.g. male sterility, abiotic stress tolerance, herbicide resistance, insect resistance and disease resistance	2	40~50	有效	2033-01-11
US8859858B1	2012-08-06	New Canola variety NS6265, useful for developing further canola lines and varieties with desired traits, e.g. male sterility, abiotic stress tolerance, herbicide resistance, insect resistance and disease resistance	5	80~90	有效	2032-11-14

（续表）

公开号	申请日期	标题	施引专利数量（件）	专利强度区间（分）	法律状态	预估的截止日期
US8878010B1	2012-08-08	New canola variety D3153, useful for developing further canola lines and varieties with desired traits, e.g. male sterility, abiotic stress tolerance, herbicide resistance, insect resistance and disease resistance	1	20~30	有效	2033-01-12
US8901380B1	2012-08-08	New canola variety VR 9559 G useful in breeding techniques for producing seeds and plants having desired trait e.g. male sterility, abiotic stress tolerance, herbicide resistance, insect resistance and disease resistance	0	20~30	有效	2033-01-22
US8878011B1	2012-08-08	New canola variety NS6227 used to produce canola seeds, canola plants (with traits e.g. male sterility, abiotic stress tolerance, altered antioxidants, altered fatty acids and disease resistance), edible vegetable oil or food products	0	40~50	有效	2033-01-02
US8884103B1	2012-08-08	New canola variety 45H31, useful for developing further canola plants and varieties with desired traits, e.g. male sterility, abiotic stress tolerance, herbicide resistance, insect resistance and disease resistance	2	40~50	有效	2033-01-14
US8895810B1	2012-08-10	New canola variety VR 9560 CL useful for producing hybrid seeds and plants with desired transgenic event and locus conversion, produced by crossing first plant of variety NS6213 with second plant of variety NS6485	0	20~30	有效	2033-01-22

第 2 章　油菜分子育种全球专利态势分析

（续表）

公开号	申请日期	标题	施引专利数量（件）	专利强度区间（分）	法律状态	预估的截止日期
US8884104B1	2012-08-10	New canola variety NS6213 useful to produce e.g. seed, plant or its part and F1 seed, comprising transgenic event/locus conversion that confers trait e.g. male sterility, abiotic stress tolerance, and altered phosphorus and antioxidants	0	30~40	有效	2033-01-05
US8901381B1	2012-08-10	New canola variety NS6485, useful for producing the second canola plant by growing the canola seed	0	30~40	有效	2033-01-06
US8895809B1	2012-08-10	New canola variety 46H75, useful for developing further canola plants and varieties with desired traits, e.g. male sterility, abiotic stress tolerance, herbicide resistance, insect resistance and disease resistance	1	30~40	有效	2033-01-15
US8865975B1	2012-08-10	New canola variety NS6207 useful to produce a second canola plant, canola seed and plant and F1 seed, having transgenic event/ locus conversion that confers trait e.g. male sterility, abiotic stress tolerance and herbicide resistance	1	40~50	有效	2033-01-03
US8889953B1	2012-12-07	New canola variety 45S51, useful in breeding methods for producing plants having desired traits e.g. from male sterility, site-specific recombination, abiotic stress tolerance, and insect resistance	3	40~50	有效	2029-12-18
US9072235B1	2013-01-22	New canola variety 45S54 useful for producing canola plant with desired traits e.g. male sterility, site-specific recombination, altered essential amino acids, altered carbohydrates, and herbicide and insect resistance	0	20~30	有效	2033-01-22

(续表)

公开号	申请日期	标题	施引专利数量（件）	专利强度区间（分）	法律状态	预估的截止日期
US8901382B1	2013-01-22	New canola variety NS6594, useful for developing further canola plants and varieties with desired traits, e.g. male sterility, abiotic stress tolerance, herbicide resistance, insect resistance and disease resistance	0	30~40	有效	2033-05-25
US8912396B1	2013-01-22	New canola variety NS6622, useful for producing second canola plant.conferring a trait including eg male sterility	0	30~40	有效	2033-05-25
US9006522B1	2013-01-22	New canola variety NS6454 useful for producing canola plant with desired trait e.g. male sterility, abiotic stress tolerance, altered phosphorus, altered antioxidants and altered fatty acids	0	30~40	有效	2033-06-02
US9095106B1	2013-01-22	New canola variety D3154S useful for producing canola seed and canola plant with locus conversion or improved traits e.g. male sterility and disease resistance used as human food and livestock	2	50~60	有效	2033-01-22
US9179632B1	2013-06-28	New plant, plant part, seed or cell of canola variety 45S52 used to produce canola plants with traits e.g. male sterility, abiotic stress tolerance, altered phosphorus, herbicide resistance, insect resistance and disease resistance	0	10~20	有效	2032-01-14

(续表)

公开号	申请日期	标题	施引专利数量（件）	专利强度区间（分）	法律状态	预估的截止日期
US9185863B2	2013-07-23	New plant cell from canola variety VR 9562 GC, useful to breed second canola plant and inbred, to produce cleaned and treated canola seed, to produce commodity product e.g. seed oil, as recipient of locus conversion and to grow a crop	3	10～20	有效	2034-05-04
US9179633B2	2013-07-23	New plant cell from canola variety VR 9561 GS, useful to breed second canola plant and inbred, to produce cleaned and treated canola seed, to produce commodity product e.g. seed oil, as recipient of locus conversion and to grow a crop	1	10～20	有效	2034-04-12
US9173367B2	2013-07-23	New cell or seed of inbred canola variety NS6623, useful for producing transgenic canola plant with desired traits e.g. male sterility, site-specific recombination, abiotic stress tolerance and altered phosphorus	0	20～30	有效	2034-04-13
US9173368B2	2013-07-23	New cell of inbred canola variety NS6703, useful for producing transgenic canola plant with desired traits e.g. male sterility, site-specific recombination, abiotic stress tolerance and altered phosphorus	0	20～30	有效	2034-06-02

(续表)

公开号	申请日期	标题	施引专利数量（件）	专利强度区间（分）	法律状态	预估的截止日期
US9179634B2	2013-07-23	New cell of inbred canola variety NS6569, useful for producing second canola plant, as recipient of conversion locus and transgene, for breeding canola plant, to grow crop and to produce grain, starch, seed oil, corn syrup and protein	2	20~30	有效	2034-06-07
US9173366B2	2013-07-23	New cell of inbred canola variety NS6266, useful for producing transgenic canola plant with desired traits e.g. male sterility, site-specific recombination, abiotic stress tolerance and altered phosphorus	0	20~30	有效	2034-04-18
US9510542B2	2015-02-27	New canola variety 45H76, useful for producing seeds and plants having trait e.g. male sterility, site for site-specific recombination, abiotic stress tolerance, altered phosphate, altered antioxidants and altered fatty acids	0	10~20	有效	2035-05-28
US9510540B2	2015-02-27	New seed of canola variety D3155C for generating transgenic canola plant, is deposited at American Type Culture Collection	1	10~20	有效	2035-05-21
US9516843B2	2015-02-27	New canola variety 45H33 used for producing canola seed and canola plant with trait including male sterility, abiotic stress tolerance, altered phosphate, altered antioxidants, altered fatty acids, and insect resistance	1	30~40	有效	2035-06-10

（续表）

公开号	申请日期	标题	施引专利数量（件）	专利强度区间（分）	法律状态	预估的截止日期
US9510541B2	2015-02-27	New canola variety 45S56 useful for producing canola plant with trait e.g. male sterility, site for site-specific recombination, abiotic stress tolerance, altered phosphate, altered antioxidants, and altered fatty acids	2	40~50	有效	2035-05-22
US9603327B2	2015-06-05	New canola variety 45CS41, for producing second canola plant having trait, e.g. male sterility, or herbicide resistance, and for producing edible vegetable oil or other food products, and used as nutritious livestock feed	0	10~20	有效	2035-09-12
US9629322B2	2015-06-05	New canola variety 45CS40 useful for producing canola plant with trait including male sterility, site for site-specific recombination, altered antioxidants, altered fatty acids, and altered carbohydrates	0	10~20	有效	2035-10-25
US9629323B2	2015-06-05	New canola variety 46M34, for producing second canola plant having trait, e.g. male sterility, or herbicide resistance, and for producing edible vegetable oil or other food products, and used as nutritious livestock feed	3	50~60	有效	2035-10-03
US10076094B2	2016-06-27	New canola variety PV 560 GM used for producing canola oil and producing a second canola plant, is preserved in American Type Culture Collection under certain accession number, and is introduced with trait such as male sterility	0	—	有效	2036-09-23

(续表)

公开号	申请日期	标题	施引专利数量（件）	专利强度区间（分）	法律状态	预估的截止日期
US10085403B2	2016-06-27	New canola variety 45M35 useful for producing plants and seeds with desired trait e.g. male sterility, site for site-specific recombination, abiotic stress tolerance, altered phosphate and altered antioxidants, and producing canola oil	0	—	有效	2036-09-21
US10085402B2	2016-06-27	New canola variety PV 581 GC useful for producing progeny plant and seed with desired trait including male sterility, herbicide resistance, insect, pest, and disease resistance, modified fatty acid metabolism, and abiotic stress tolerance	0	—	有效	2036-08-30
US10448596B2	2017-09-12	New plant cell from canola variety D3156M used e.g. to breed second plant, breed inbred, produce clean seed, producing plant having locus conversion confers trait of male sterility, and produce commodity product comprising seed oil	0	20～30	有效	2037-12-26
US10448597B2	2017-09-12	New plant cell from canola variety 45CM36 used e.g. to breed second plant, breed inbred, produce clean seed, producing plant having locus conversion confers trait of male sterility, and produce commodity product of seed oil	0	—	有效	2037-12-22
US10440917B2	2017-09-12	New plant cell from canola variety 45M38 used e.g. to breed second plant, breed inbred, produce clean seed, producing plant having locus conversion confers trait of male sterility, and produce commodity product of seed oil	0	—	有效	2037-12-20

2.5 关键技术领域分析

2.5.1 远缘杂交技术

在油菜分子育种的各类技术中,远缘杂交起步很早,第一项专利申请于 1983 年,但发展缓慢,截止到检索日期,经过筛选仅得到相关专利 11 项。由于油菜的驯化历史短,现在的品种遗传多样性越来越窄,同质化严重,必须通过远缘杂交导入优异的遗传变异,来提升现有油菜品种的品质。但远缘杂交技术难度大、周期长、不好突破,这方面的技术还有待深入开发并运用。本部分对基于检索筛选得到的 11 项油菜远缘杂交技术的专利进行分析。

油菜远缘杂交最早的一项专利是法国农业科学研究院 1983 年申请的 FR2542569A1:Somatic hybridisation of rape by protoplast fusion - giving varieties with male sterility and without low temp. chlorophyll deficiency,该专利除了涉及远缘杂交,还涉及原生质体分离及培养和转基因技术。这项专利家族共包含 6 件专利,除在法国申请外,还在加拿大、德国、欧洲专利局、世界知识产权组织等申请,可见该机构极其重视此项专利,由于专利有效期的限制,目前该项专利对应的各国专利均已失效。

油菜远缘杂交第二项专利是中国的沈昌健等人 2009 年申请的 CN101999316A:甘蓝型油菜细胞质雄性不育系选育方法,该专利目前也已失效。第三项专利是韩国三星电子 2012 年申请的 KR1388950B1:New red Brassica rapa plant with high anthocyanin content, obtained by crossing interspecies of Brassica oleracea and mother plant Brassica rapa,该专利目前仍处于有效期。

2013—2018 年油菜远缘杂交领域的 8 项专利均由中国申请,其中,2013 年华中农业大学申请相关专利 2 项,2016 年成都市农林科学院申请相关专利 3 项、江西省农业科学院申请相关专利 1 项，2018年申请相关专利 2 项，这 11 项专利的相关信息详见表 2.7 所示。

表 2.7 油菜远缘杂交技术 11 项专利信息

	基本专利号	最早优先权年	最早优先权国	专利权人
1	FR2542569A1	1983	法国	法国农业科学研究院
2	CN101999316A	2009	中国	沈昌健、付东辉、陈章华、沈文祥
3	KR1388950B1	2012	韩国	三星电子
4	CN103329793A	2013	中国	华中农业大学
5	CN103329792A	2013	中国	华中农业大学
6	CN105494087B	2016	中国	江西省农业科学院
7	CN106035066B	2016	中国	成都市农林科学院
8	CN106386463B	2016	中国	成都市农林科学院
9	CN106613897B	2016	中国	成都市农林科学院
10	CN109197575A	2018	中国	贵州省油菜研究所
11	CN109197567A	2018	中国	湖州市农业科学研究院、浙江省农业科学院

从表中可以看出，油菜远缘杂交的 11 项专利有 9 项来自中国，1 项来自法国，1 项来自韩国。中国在本领域申请专利的主要机构包括成都市农林科学院、华中农业大学、江西省农业科学院、贵州省油菜研究所、湖州市农业科学研究院和浙江省农业科学院。

华中农业大学 2013 年申请的 2 项专利分别是 CN103329793A：不结球白菜细胞质雄性不育系的选育、繁殖和制种方法和CN103329792A：紫菜苔细胞质雄性不育系的选育、繁殖和制种方法，这 2 项专利均因"发明专利申请公布后的视为撤回"而失效。2016 年至今的各项专利目前均处于有效状态。

2.5.2 转基因技术

在油菜分子育种各项技术分类中，转基因技术的应用最为广泛，尤其是国外机构大量应用转基因技术进行油菜培育，占据了全球市场，但由于国内政策的限制，转基因相关技术的产业化较之国外明显落后。此外转基因见效快，比常规育种更能快速提升油菜各方面的品质，具有很广泛的市场前景，因此本章针对油菜分子育种转基因技术相关的 211 项专利进行重点分析。

2.5.2.1　专利年代趋势

截至 2019 年 6 月 5 日，检索到全球油菜分子育种转基因技术相关专利 221 项，图 2.19 为全球油菜分子育种领域转基因技术专利趋势，相关专利最早申请于 1983 年，此后发展较为缓慢，年度专利数量均在 2 项以下。自 1999 年起，专利数量开始增长，年度专利数量达到 8 项，之后虽然专利申请虽出现波动，但整体仍表现为增长趋势，2013 年达到了专利数量的高峰（28 项），2014—2018 年专利数量略有下降。但整体来看，油菜转基因育种技术正处于稳定发展期。

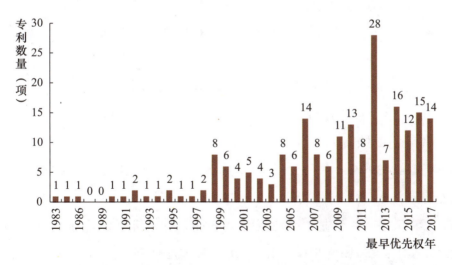

图 2.19　全球油菜分子育种领域转基因技术专利趋势

2.5.2.2　专利地域分析

油菜转基因育种领域专利来源国家/地区共 11 个，通过图 2.20

可以看出，有103项专利来源于中国大陆，占专利总量的48.82%；有68项专利来源于美国，占专利总量的32.23%；其他国家/地区共有专利40项，占专利总量的18.96%。可见中国和美国在油菜分子育种的转基因技术领域研究较多，虽然中国大陆的转基因油菜并未产业化，但相关研究及成果数量依然可观。

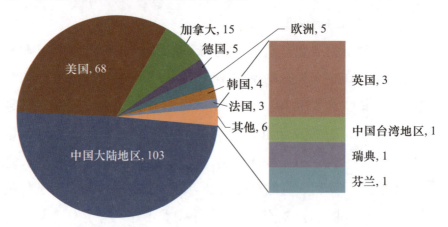

图2.20　全球油菜分子育种领域转基因育种技术专利来源国家/地区分布（单位：项）

2.5.2.3　美国和中国专利竞争力对比

图2.21显示了油菜转基因育种领域美国和中国专利趋势对比，从中可看出，中国在油菜转基因育种领域专利起步较晚，于2001年开始申请2项专利，分别是中国农业科学院生物技术研究所申请的CN1424399A：一种新型鲑鱼降钙素类似物及其在植物油体中表达的方法和甘肃亚盛集团与中国科学院遗传研究所共同申请的CN1429907A：用于生产口蹄疫疫苗的油菜叶绿体转基因植物的获得方法，但中国2016—2018年的专利数量远超美国，年度专利数量在10项以上。美国在该领域专利起步较早，第一项专利申请于1985年，专利申请高峰出现在2013年（15项），自2014年起美国的专利数量大幅减少，年度专利数量在2项以下。

第 2 章 油菜分子育种全球专利态势分析

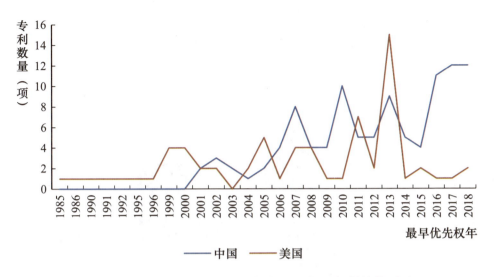

图 2.21 油菜转基因育种领域美国和中国专利趋势对比

将油菜转基因育种领域的全部 211 项专利进行同族扩充和归并申请号后共得到 474 件专利，美国的专利数量共 68 项 /210 件，中国的专利数量共 103 项 /109 件。图 2.22 为油菜转基因育种领域美国和中国专利法律状态对比，美国的有效专利占比 46.67%，中国的有效专利占比 57.80%，但美国有大量在澳大利亚、加拿大、欧洲专利局、印度等国家 / 地区申请的专利未获取到法律状态，所以有效专利占比不能完全代表其法律状态的分布情况。从专利件数的对比可看出，美国的全球专利布局远远优于中国，较少的专利家族对应了更多的专利家族成员。

为进一步详细对比美国和中国的专利布局情况，这里绘制了图 2.23。由于各国绝大部分专利都在本国进行申请，故为了防止各国在别国的专利布局数据湮没在全部数据中，在绘制专利布局对比图时，仅对比各国在除本国之外的其他国家进行专利布局的情况，特此说明。由图 2.23 可看出，美国不仅布局国家范围广泛，在各国申请专利的数量也很多，除在美国申请 72 件专利外，还在澳大利亚申请专利 26 件，在加拿大申请专利 23 件等。相比之下，中国在其他国家 / 地区进行专利布局都非常少，在中国申请103件专利，仅在国外申请6件专利。

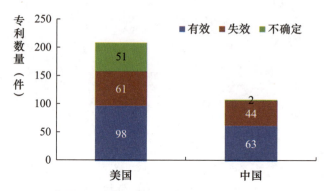

图 2.22　油菜转基因育种领域美国和中国专利法律状态对比

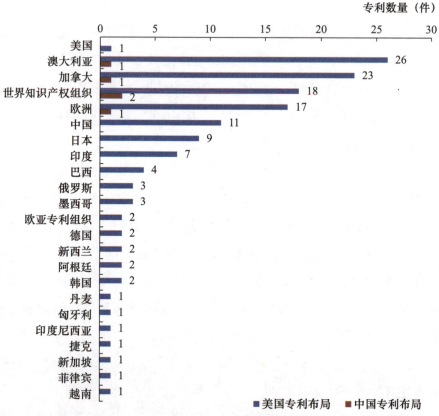

图 2.23　油菜转基因育种领域美国和中国在国外专利布局对比

第 2 章　油菜分子育种全球专利态势分析

油菜转基因育种领域美国和中国专利强度分布对比如图 2.24 所示，中国的绝大部分专利强度集中在 0～50 分，其中 0～10 分专利占比最高（67.89%），10～20 分专利占比次之（17.43%），中国仅 1 件专利在 60～100 分，具体分布在 70～80 分。美国在各个专利强度区间的分布较为平均，20～30 分和 30～40 分的专利占比最高（分别为 16.19% 和 15.71%），60～100 分的专利占比约 14.28%。对比可看出美国的高质量专利数量更多，专利质量相对更高。

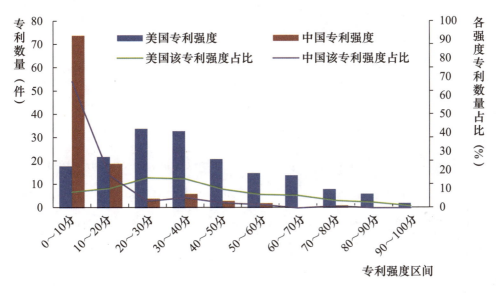

图 2.24　油菜转基因育种领域美国和中国专利强度分布对比

2.5.2.4　主要产业主体分析

图 2.25 为油菜转基因育种领域主要产业主体分布，可以看出排名靠前的产业主体所拥有的专利数量差别较大，其中，杜邦公司申请专利 41 项，中国农业科学院油料作物研究所申请专利 22 项，其他产业主体的专利数量均在 10 项以下。TOP10 产业主体共申请专利 111 项，占油菜转基因育种全部专利的 52.61%。

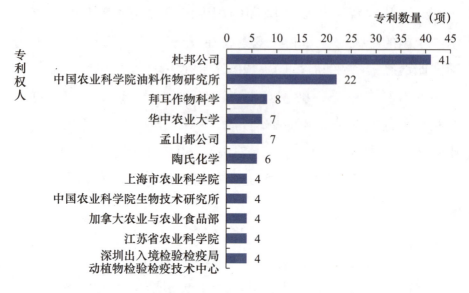

图 2.25 油菜转基因育种领域主要产业主体分布

图 2.26 为油菜转基因育种领域主要产业主体专利趋势，杜邦公司第一项专利是 1999 年申请的 US1999256889A：New Brassica napus canola cultivar 45A51 with improved agronomic traits, useful in production of oil e.g. cooking oil and meal for animal feed, and improved hybrid and genetically engineered plants and seeds，之后专利申请不连续，至 2011 年起专利数量出现增长，专利申请高峰出现在 2013 年和 2015 年，年度专利数量分别为 11 项和 10 项。

中国农业科学院油料作物研究所第一项相关专利是 2005 年申请的 CN1772906A：油菜丙酮酸脱氢酶激酶基因及其在油菜中的应用，专利申请高峰出现在 2007 年（8 项），2014—2018 年在该领域的专利申请有所减少，目前为止最新的一项专利是 2018 年申请的 CN109439663A：甘蓝型油菜启动子 pBnUnng0942890 及其应用，目前处于实质审查阶段。

第 2 章 油菜分子育种全球专利态势分析

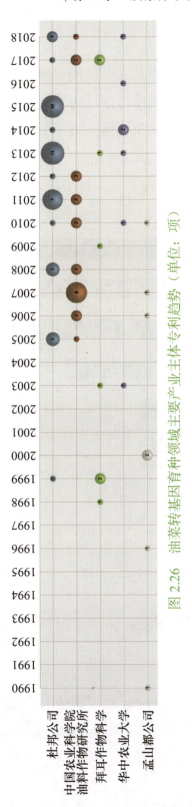

图 2.26 油菜转基因育种领域主要产业主体专利趋势（单位：项）

2.5.2.5 专利应用领域分析

图 2.27 为油菜转基因育种专利应用领域分布,可以看出转基因技术主要应用在高抗领域,具体包括抗病、抗虫、抗非生物逆境,且大部分专利同时提到这三类油菜抗性。第二个主要应用分类为高产,共 23 项专利涉及利用转基因技术提升油菜的产量。

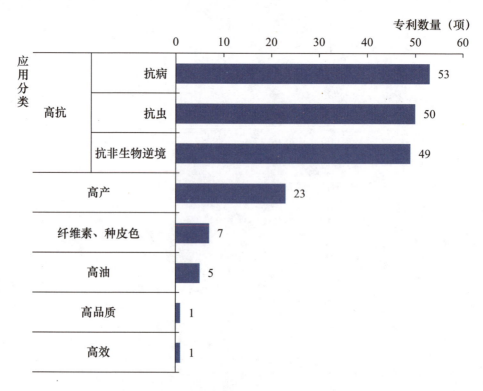

图 2.27 油菜转基因育种专利应用领域分布

2.6 新兴技术预测

2.6.1 方法论

佐治亚理工大学 Alan Porter 教授和他的研究团队一直致力于技术预见领域的研究,历经十余年开发的 Emergence Indicators 算法可以较好地呈现某一项技术领域的新兴研究方向及人员、机构、国家/地区的参与情况。该算法通过文献计量学的手段对文献标题和摘要的主题词进行分析和挖掘，从 Novelty（新颖性）、Persistence（持久性）、Growth（成长性）和 Community（研究群体参与度）对 Emergence Indicators 进行计算，并且可以应用于专利和科技文献之中。该指标可以很好地帮助决策者了解新兴研究方向在技术生命周期中所处的位置，以便在它达到拐点或成熟期前识别出来，进行研发布局和战略选择。

2.6.2 新兴技术遴选

基于全球油菜分子育种领域涉及的全部专利共 551 项，经过德温特世界专利索引（Derwent World Patents Index®，DWPI）自然语言处理后共得到 17 692 个主题词组，经过 Emergence Indicators 算法后遴选出 44 个主题词，在排除没有意义的虚词，并经领域专家筛选后，选定了 12 个可以反映油菜分子育种领域新兴技术趋势的主题词见表 2.8。

表 2.8　全球油菜分子育种领域新兴技术主题词

排序	专利数量（项）	主题词（英文）	创新性得分
1	9	Agrobacterium Tumefaciens	13.174
2	13	Recombinant Vector	12.94
3	10	Plant Expression Vector	11.487
4	14	SEQ ID NOS	6.298
5	15	Transgenic Rapeseed	5.336
6	7	Agronomic Characteristics	4.882
7	15	Male	4.601
8	9	Pollination	4.015
9	15	Selection	3.578
10	20	Line	3.555
11	10	Fertility	3.311
12	14	Culture	2.542

从表 2.8 中可以看出，油菜分子育种技术领域的新兴技术点集中在根癌农杆菌（Agrobacterium Tumefaciens）、重组载体（Recombinant Vector）、植物表达载体（Plant Expression Vector）、特征序列（SEQ ID NOS）、转基因油菜（Transgenic Rapeseed）等。

2.6.3 新兴技术来源国分布

全球油菜分子育种领域遴选出的 12 项新兴技术的相关专利分布于 8 个国家/地区，具体如图 2.28 所示，可以看出，中国是油菜分子育种领域拥有新兴技术专利数量最多且创新性得分最高的国家，其专利数量为 81 项，创新性得分为 68 分；美国排名第二，专利数量为 27 项，创新性得分为 24.3 分；加拿大排名第三，专利数量为 4 项，创新性得分为 12.1 分，其他国家的专利创新性得分为 0。

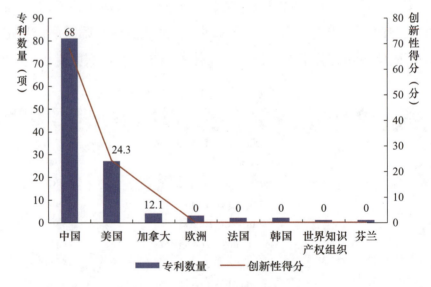

图 2.28 全球油菜分子育种领域新兴技术来源国家/地区

2.6.4 新兴技术主要产业主体分析

全球油菜分子育种领域新兴技术排名前十专利权人如图 2.29 所

第 2 章　油菜分子育种全球专利态势分析

示，可以看出，中国农业科学院油料作物研究所新兴技术相关专利数量最多，为 17 项，创新性得分为 15.5 分，排名第五；杜邦公司新兴技术相关专利数量排名第二，为 14 项，创新性得分为 16.1 分，排名第四；华中农业大学新兴技术相关专利数量排名第三，为 9 项，创新性得分为 18.5 分，排名第三。创新性得分最高的是西南大学（23.9 分），专利数量 3 项，其次为江苏省农业科学院（22.2 分），专利数量 2 项。

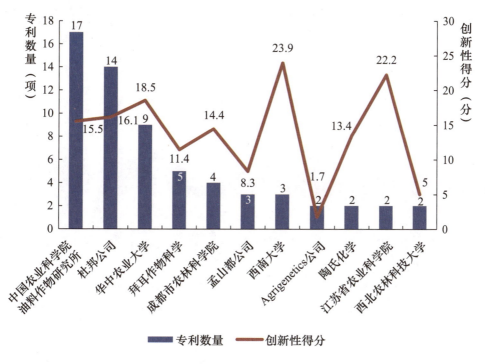

图 2.29　全球油菜分子育种领域新兴技术排名前十专利权人

第 3 章
油菜分子育种中国专利态势分析

3.1 中国专利申请趋势

从油菜分子育种相关的全部专利中筛选出优先权国为中国的全部专利 304 项，专利家族最早优先权年时间跨度为 1993—2018 年，图 3.1 为中国油菜分子育种专利年代趋势。从图中看出，中国最早的油菜分子育种专利出现于 1993 年，共 1 专利，此后至 2006 年间的年度专利数量均在 10 项以下，自 2007 年起年度专利数量有所增长，至 2016 年达到了专利数量高峰，可见 2016—2018 年中国的油菜分子育种专利布局进入快速发展期。

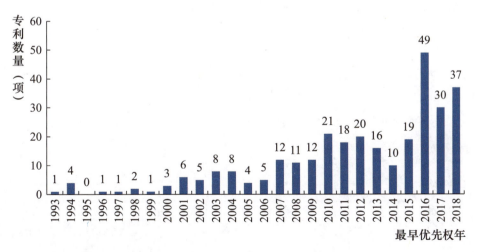

图 3.1　中国油菜分子育种专利年代趋势

中国的第一项油菜分子育种专利 CN1034848C 是陕西省农垦科技教育中心申请的"甘蓝型低芥中硫油菜三系杂交育种技术"，该项专利主要与油菜的应用领域相关，重点在于提高油菜的高产和抗病性能。

图 3.2 为中国油菜分子育种专利技术生命周期图，将两年作为一个节点绘制，每个节点的专利权人数量为横坐标，专利数量为纵坐标。从图 3.2 中可以看出，中国油菜分子育种技术从 1993 年有专利申请开始，经历了较长的萌芽期（1993—2000 年），专利数量和专利权人的数量都不多，随后进入成长期（2001—2018 年），虽然中间经历了两次短暂的衰退期（2005—2006 年和 2013—2014 年），但整体来看，发展迅速，2015—2018 年利数量与专利权人数量逐年稳定增加，且增幅较大。由于 2017—2018 年的专利数量数据不完整，实际增长速度应比图中显示的更快，专利数量和专利权人的数量急剧上升。

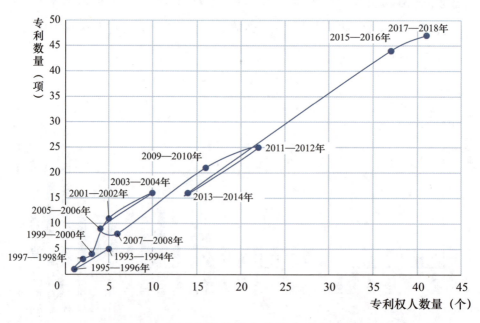

图 3.2　中国油菜分子育种技术生命周期图

3.2 中国专利布局分析

通过分析中国专利权人在全球的专利布局情况，可以看出哪些国家/地区是中国重点关注的专利布局地。图 3.3 显示了中国在全球的油菜分子育种专利受理国家/地区分布。

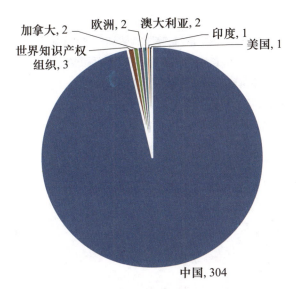

图 3.3　中国在全球的油菜分子育种专利受理国家/地区分布（单位：件）

从图中可以看出，中国专利权人除在中国申请了大量专利之外，还在世界知识产权组织、加拿大、欧洲专利局、澳大利亚申请少量专利。虽然中国在这些国家/地区申请专利的数量还较少，但是我们也看到国内油菜分子育种领域的机构现在已经开始重视全球化布局和保护，并正在逐步实施中。

3.3 中国专利技术分析

图 3.4 为全球油菜分子育种专利技术分布，可以看出，转基因技术相关专利数量最多，共 109 项，是目前研究最为热门和集中

的技术；专利数量排名第二的技术分类为分子标记辅助选择，相关专利 69 项；排名第三和第四的技术分类分别为载体构建和单倍体育种，相关专利分别有 32 项和 20 项，其他技术相关专利数量均较少。

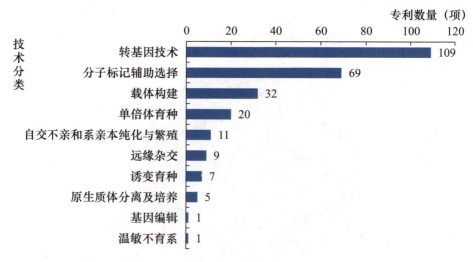

图 3.4　中国油菜分子育种专利技术分布

分析各技术分支的年度申请专利量，可以看出中国在油菜分子育种领域技术的发展趋势，图 3.5 展示了油菜分子育种中国专利技术年代趋势，表 3.1 显示了中国油菜分子育种专利技术详细分析的结果。从图表中可看出，整体上各技术前期发展较缓慢，转基因技术和分子标记辅助选择发展相对较快，近十年专利数量增长较为稳定，尤其是 2016—2018 年的活跃度较高；其他技术分支无论是在总的专利数量还是在年度专利数量上，相较于排名前两位的技术均较少，从单年数据看专利数量均在 5 项以下，可推测这些技术目前都是中国油菜分子育种专利领域的技术空白点。

第 3 章 油菜分子育种中国专利态势分析

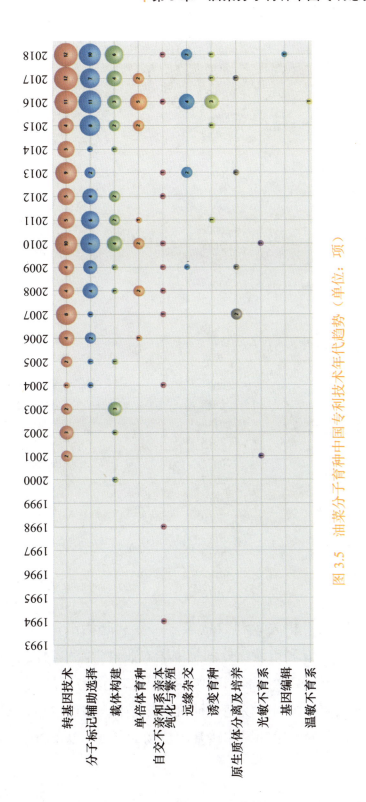

图 3.5 油菜分子育种中国专利技术年代趋势（单位：项）

表 3.1　中国油菜分子育种专利技术详细分析

排名	技术分类	专利数量（项）	年代跨度（年）	2016—2018年专利数量占比	主要专利权人专利数量（项）
1	转基因技术	103	2001—2018	34%	中国农业科学院油料作物研究所 [22]；华中农业大学 [7]
2	分子标记辅助选择	68	2004—2018	41%	中国农业科学院油料作物研究所 [18]；华中农业大学 [18]
3	载体构建	32	2000—2018	41%	中国农业科学院油料作物研究所 [4]；华中农业大学 [4]
4	单倍体育种	15	2006—2017	47%	成都市农林科学院 [5]；华中农业大学 [3]；江苏省农业科学院 [2]
5	自交不亲和系亲本纯化与繁殖	11	1994—2018	18%	华中农业大学 [5]；西北农林科技大学 [2]
6	远缘杂交	9	2009—2018	67%	成都市农林科学院 [3]；华中农业大学 [2]
7	诱变育种	7	2011—2018	71%	成都市农林科学院 [1]；西北农林科技大学 [1]
8	原生质体分离及培养	5	2007—2017	20%	中国农业科学院油料作物研究所 [3]
9	光敏不育系	2	2001—2010	0%	华中农业大学 [1]；西北农林科技大学 [1]
10	基因编辑	1	2018—2018	100%	武汉市农业科学院 [1]
11	温敏不育系	1	2016—2016	100%	云南农业大学 [1]

转基因技术相关专利数量最多，专利起始申请年份较早，在2001年有2项专利申请，分别是中国农业科学院生物技术研究所申请的CN1274830C：一种新型鲑鱼降钙素类似物及其在植物油体中表达的方法和中国科学院遗传研究所申请的CN1212400C：用于生产口蹄疫疫苗的油菜叶绿体转基因植物的获得方法。2016—2018年

第 3 章 油菜分子育种中国专利态势分析

转基因技术专利数量共 35 件，占比较高，相关专利权人较为分散，主要包括中国农业科学院油料作物研究所和华中农业大学。

专利数量排名第二的是分子标记辅助选择技术，共有 68 项专利，2004 年该领域的第一项专利是由华中农业大学申请的 CN1559187A：一种选育甘蓝型油菜显性细胞核雄性不育纯合两用系的方法。分子标记辅助选择技术领域 2016—2018 年的专利数量占比高达 41%。该技术主要专利权人也是中国农业科学院油料作物研究所和华中农业大学，所申请专利共占分子标记辅助选择技术相关专利的 52.94%。

其他技术详细信息如表中所列，虽然专利数量不多，但远缘杂交和诱变育种相关专利 2016—2018 年的数量占比超过 60%，基因编辑和温敏不育系 2016—2018 年专利数量占比 100%，可推测这些技术为油菜分子育种领域新兴技术，也可重点关注。

3.4 中国专利主要产业主体分析

中国油菜分子育种主要产业主体如表 3.2 所示，由于各产业主体专利数量有限，表中仅列出排名前五产业主体详细信息，排名前五专利权人总共申请专利 120 项，占中国油菜分子育种专利数量的 39.47%。

表 3.2 中国油菜分子育种主要产业主体详细分析

排名	专利权人	专利数量（项）	专利数量（件）	年代跨度（年）	2016—2018 年专利数量占比	各受理国家/地区专利数量（件）	各技术分类专利数量（项）
1	中国农业科学院油料作物研究所	49	54	2004—2018	36%	中国 [49]；世界知识产权组织 [1]；加拿大 [1]；欧洲 [1]；澳大利亚 [1]；美国 [1]	转基因技术 [22]；分子标记辅助选择 [18]；载体构建 [4]

（续表）

排名	专利权人	专利数量（项）	专利数量（件）	年代跨度（年）	2016—2018年专利数量占比	各受理国家/地区专利数量（件）	各技术分类专利数量（项）
2	华中农业大学	39	39	1994—2018	46%	中国 [39]	分子标记辅助选择 [18]；转基因技术 [7]；自交不亲和系亲本纯化与繁殖 [5]
3	西北农林科技大学	12	12	2004—2018	21%	中国 [12]	转基因技术 [3]；自交不亲和系亲本纯化与繁殖 [2]
4	江苏省农业科学院	11	11	1994—2017	56%	中国 [11]	转基因技术 [4]；载体构建 [2]；单倍体育种 [2]
5	成都市农林科学院	9	14	2016—2018	38%	中国 [9]；世界知识产权组织 [1]；加拿大 [1]；印度 [1]；欧洲 [1]；澳大利亚 [1]	单倍体育种 [5]；远缘杂交 [3]；转基因技术 [2]；分子标记辅助选择 [2]

排名第一的中国农业科学院油料作物研究所自2004年起至2018年共申请相关专利49项，且2016—2018年活跃度较高，专利数量为14项，与此同时，该产业主体的专利布局意识相对较强，除在中国申请专利外，还在世界知识产权组织、加拿大、欧洲、澳大利亚、美国进行了专利布局，主要技术涉及转基因技术和分子标记辅助选择。

排名第二的华中农业大学自1994年起至2018年共申请相关专利39项，2016—2018年活跃度也较高，专利数量14项，但华中农业大学与西北农林科技大学、江苏省农业科学院都仅在中国进行了相关专利的申请，全球布局和保护意识有待加强。

排名第五的成都市农林科学院虽然在本领域的专利数量仅9项，但全球布局意识很强，在多个国家进行了专利申请，主要优势涵盖了单倍体育种和远缘杂交等，均为新兴技术。

3.4.1 主要产业主体申请趋势

图3.6列出了中国油菜分子育种主要产业主体的专利年代趋势，中国农业科学院油料作物研究所于2004年开始申请油菜分子育种相关专利，第一项专利为CN1307866C：油菜细胞质雄性不育+自交不亲和杂种优势利用方法，第二项专利为2005年申请的CN1772906A：油菜丙酮酸脱氢酶激酶基因及其在油菜中的应用，至2007年达到了该研究所的专利数量高峰（11项），其中8项与转基因技术相关，随后专利数量有所下降，自2016年起专利数量有所回升，2016—2018年共申请专利14项，其中9项与分子标记辅助选择相关，3项与转基因技术相关。

华中农业大学在油菜分子育种领域的专利申请起步较早，1994年申请第一项专利CN1042188C：油菜脆质雄性不育三系制种方法，之后专利申请有所中断，1998年申请了第二项专利CN1089211C：甘蓝型油菜自交不亲和系同核保持系选育方法，2001年申请了第三项专利且当年的年度专利数量有所增长，达到4项。自2001年至今，华中农业大学的专利申请整体较为连续，但专利数量不多，2018年专利数量增长较多，目前已检索到2018年相关专利8项，其中4项与分子标记辅助选择相关。

西北农林科技大学在本领域的第一项专利申请于2004年，该专利为CN1250071C：甘蓝型油菜无微粉类型细胞质雄性不育系的选育及杂交种生产方法，但随后专利申请不连续，2016年来有所增长，2016—2018年该大学共申请油菜分子育种相关专利5项，其中3项与转基因技术相关，另外2项与诱变育种和载体构建相关。

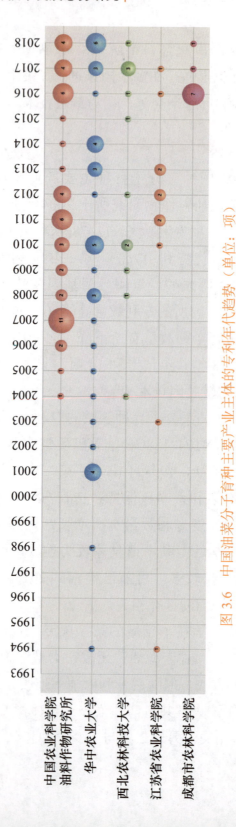

图 3.6 中国油菜分子育种主要产业主体的专利年代趋势（单位：项）

江苏省农业科学院在油菜分子育种领域的专利起步也较早，第一项专利是申请于 1994 年的 CN1037482C：甘蓝型双低杂交油菜的选育方法，第二项专利是申请于 2003 年的 CN1546672A：一种植物基因重组表达载体的构建方法，之后很长一段时间没有该领域的专利申请，直到 2010 年，专利申请有所恢复，但 2016—2018 年的专利数量仅 2 项，整体来看该机构在油菜分子育种领域专利发展较慢。

成都市农林科学院在油菜分子育种领域的专利申请起步最晚，全部 9 项专利均于 2016—2018 年申请，且 2016 年就已申请相关专利 7 项，相关技术涉及面广，具体包括单倍体育种、远缘杂交、分子标记辅助选择、诱变育种和转基因技术。

3.4.2　主要产业主体专利技术分析

通过分析主要产业主体的专利技术分布情况，能更全面地了解各产业主体的主要研究方向。图 3.7 为中国油菜分子育种主要产业主体的技术布局，图中清晰展示了中国排名前五产业主体的专利技术分布情况。

转基因技术和分子标记辅助选择目前是油菜分子育种领域应用最广、研究最成熟的两种技术，可看出中国主要产业主体在这两个技术分支均有相关专利布局，在其他技术领域侧重点各有不同。中国农业科学院油料作物研究所申请了转基因技术相关专利 22 项、分子标记辅助选择相关专利 18 项，此外还申请载体构建相关专利 4 项、原生质体分离及培养相关专利 3 项。华中农业大学除申请了分子标记辅助选择相关专利 18 项、转基因技术 7 项外，还申请了自交不亲和系亲本纯化与繁殖专利 5 项、载体构建专利 4 项。

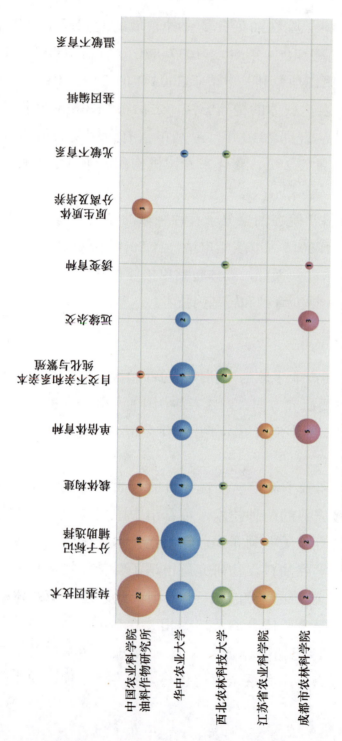

图3.7 中国油菜分子育种主要产业主体的技术布局（单位：项）

3.4.3 中国农业科学院油料作物研究所专利核心技术发展路线

经统计，中国农业科学院油料作物研究所（以下简称油料所）在油菜分子育种领域申请共计49项专利家族，54件专利。针对这49项专利家族，通过专利家族的前后引证关系绘制出油料所的专利核心技术路线图。图3.8为油料所油菜分子育种专利核心技术发展路线图，揭示了油料所在油菜分子育种领域的核心技术发展方向，图中所列只是部分，不能代表该研究所的全部专利，其中浅色文字代表已失效专利。

图3.8中横轴代表时间轴，整体分为四个时间段，由于油料所在本领域申请专利起步较晚，故起始时间段为2001—2005年，箭头指向的方向，代表该专利被后续专利所引用。整体来看，油料所在本领域的专利涉及技术领域包括分子标记辅助选择、转基因技术和原生质体分离及培养，虽有些专利的申请较为孤立，未被后续引用，但总体上专利的继承性尚可。

图中所列油料所在分子标记辅助选择领域的第一项专利是2009年申请的CN101988118A：油菜含油量性状主效基因位点及应用，该专利与油菜的高油应用相关，在该专利基础上，油料所分别于2012年和2013年申请专利CN102766627A：一种与油菜含油量性状紧密连锁的分子标记及应用，CN103667484A：油菜品系6F313中含油量性状主效基因位点及应用。此外，基于2011年申请的三项专利CN102226189A、CN102286492A、CN102206635A，油料所在2012—2016年陆续申请多项专利，最新的一项专利为

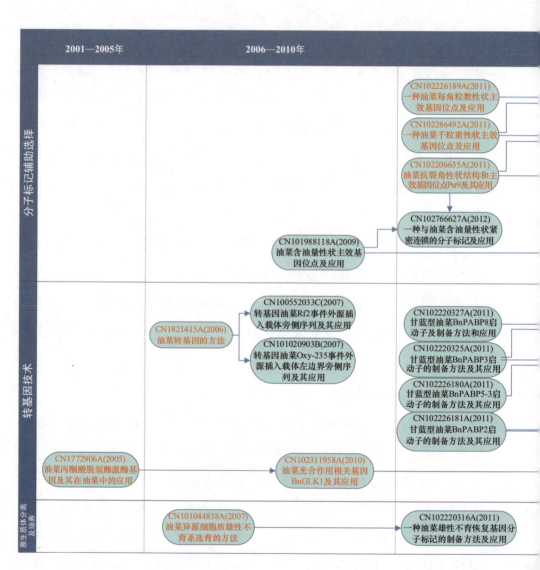

图 3.8　中国农业科学院油料作物研究所

第3章 油菜分子育种中国专利态势分析

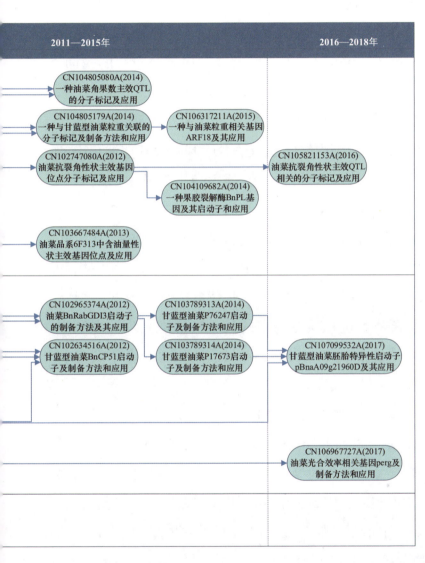

油菜分子育种专利核心技术发展路线图

CN105821153A：油菜抗裂角性状主效 QTL 相关的分子标记及应用。但 2011 年的这三项专利目前均处于失效状态，需要引起该所相关人员的注意，确认专利是否维护得当、是否及时续费等。其中，CN102226189A 和 CN102286492A 因"未缴年费专利权终止"而失效，CN102206635A 因"发明专利申请公布后的驳回"而失效。

在转基因技术领域，图中所列油料所的第一项专利是 2005 年申请的 CN1772906A：油菜丙酮酸脱氢酶激酶基因及其在油菜中的应用，该专利目前已失效。油料所在转基因技术领域申请的第二项专利是 2006 年的 CN1821415A：油菜转基因的方法，并在该专利基础上于 2007 年申请了两项专利，分别是 CN101020903B：转基因油菜 Oxy-235 事件外源插入载体左边界旁侧序列及其应用和 CN101044838A：油菜异源细胞质雄性不育系选育的方法，但从 2008 年至今，并未基于这几项专利中的技术进行进一步的专利申请，且 2006 年申请的专利 CN1821415A 目前也因"未缴年费专利权终止"而失效。

油料所在转基因技术领域的专利引证网络较为完善的一批专利始于 2011 年，该所于 2011 年申请了 4 项与"甘蓝型油菜启动子的制备方法及其应用"相关的专利，相关启动子包括甘蓝型油菜 BnPABP2、BnPABP3、BnPABP5-3 和 BnPABP8。在这些专利基础上，2012—2017 年陆续申请了其他与油菜启动子制备方法和应用相关的专利，目前这些专利均处于有效状态。

图 3.8 中所列专利的详细信息如表 3.3 所示。

第3章 油菜分子育种中国专利态势分析

表3.3 中国农业科学院油料作物研究所油菜分子育种专利核心技术发展路线图专利详情

公开号	申请日期	标题	施引专利数量（件）	专利强度区间（分）	法律状态	预估的截止日期
CN1772906A	2005-09-27	油菜丙酮酸脱氢酶基因及其在油菜中的应用	4	0~10	失效	—
CN1821415A	2006-03-07	油菜转基因的方法	7	0~10	失效	—
CN100552033C	2007-01-24	转基因油菜R2事件外源插入载体旁侧序列及其应用	0	0~10	有效	2027-01-24
CN101020903B	2007-01-24	转基因油菜Oxy-235事件外源插入载体左边界旁侧序列及其应用	0	10~20	有效	2027-01-24
CN101044838A	2007-04-30	油菜早源细胞质雄性不育系选育的方法	6	0~10	失效	—
CN101988118A	2009-08-07	油菜含油量性状主效基因位点及其应用	3	20~30	有效	2029-08-07
CN102311958A	2010-07-02	油菜光合作用相关基因BnGLK1及其应用	1	—	失效	—
CN102220316A	2011-04-20	一种油菜雄性不育育恢复基因分子标记的制备方法及应用	4	—	有效	2031-04-20
CN102226181A	2011-05-12	甘蓝型油菜BnPABP2启动子的制备方法及其应用	5	10~20	有效	2031-05-12
CN102220325A	2011-05-12	甘蓝型油菜BnPABP3启动子的制备方法及其应用	6	—	有效	2031-05-12
CN102226180A	2011-05-12	甘蓝型油菜BnPABP5-3启动子的制备方法及其应用	6	—	有效	2031-05-12
CN102206635A	2011-05-17	油菜抗裂角性状结构相关主效基因位点Psr9及其应用	5	10~20	失效	—
CN102220327A	2011-05-27	甘蓝型油菜BnPABP8启动子及制备方法和应用	4	—	有效	2031-05-27
CN102226189A	2011-06-09	一种油菜每角粒数性状主效基因位点及应用	2	0~10	失效	—
CN102286492A	2011-08-17	一种油菜干粒重性状主效基因位点及应用	13	30~40	失效	—
CN102634516A	2012-03-30	甘蓝型油菜BnCP51启动子主效基因位点及制备方法和应用	0	0~10	有效	2032-03-30
CN102747080A	2012-07-16	油菜抗裂角性状主效基因位点分子标记及应用	4	10~20	有效	2032-07-16

(续表)

公开号	申请日期	标题	施引专利数量（件）	专利强度区间（分）	法律状态	预估的截止日期
CN102766627A	2012-08-08	一种与油菜含油量性状紧密连锁的分子标记及应用	4	—	有效	2032-08-08
CN102965374A	2012-11-27	油菜BnRabGDI3启动子的制备方法及其应用	5	—	有效	2032-11-27
CN103667484A	2013-12-09	油菜品系6F313中含油量性状主效基因位点及应用	0	0~10	有效	2033-12-09
CN103789313A	2014-02-20	甘蓝型油菜P76247启动子及制备方法和应用	1	—	有效	2034-02-20
CN103789314A	2014-02-20	甘蓝型油菜P17673启动子及制备方法和应用	1	—	有效	2034-02-20
CN104109682A	2014-07-11	一种果胶裂解酶BnPL基因启动子和应用	0	—	有效	2034-07-11
CN104805179A	2014-10-13	一种与甘蓝型油菜粒重关联的分子标记及制备方法和应用	1	30~40	有效	2034-10-13
CN104805080A	2014-10-30	一种油菜角果数主效QTL的分子标记及应用	0	—	有效	2034-10-30
CN106317211A	2015-07-02	一种与油菜粒重相关基因ARF18及其应用	0	—	有效	—
CN105821153A	2016-06-03	油菜抗裂角性状主效QTL相关的分子标记及应用	0	—	有效	2036-06-03
CN106967727A	2017-04-07	油菜光合效率相关基因perg及制备方法和应用	0	—	有效	—
CN107099532A	2017-06-05	甘蓝型油菜胚胎特异性启动子pBnaA09g21960D及其应用	0	—	有效	—

第 4 章
油菜分子育种全球主要产业主体竞争力分析

为进一步了解油菜分子育种领域全球主要产业主体的竞争格局和竞争力对比情况，本章选取最早优先权年范围为 2009—2018 年专利数量排名前十的产业主体作为分析对象，从专利数量、申请趋势、授权保护、专利运营、专利质量等维度进行产业主体竞争力分析。

▶ 4.1 主要产业主体专利数量及趋势对比分析

图 4.1 为 2009—2018 年全球油菜分子育种主要产业主体分布，中国机构有 7 家、美国机构有 3 家。美国的杜邦公司不但总的专利数量排名第一，近十年专利数量仍排名第一，共 59 项。中国机构中专利数量排名第一的仍是中国农业科学院油料作物研究所，为 32 项，排名第三。

图 4.2 为 2009—2018 年油菜分子育种主要产业主体的专利年代趋势，整体来看杜邦公司的专利申请较为连续，但有明显的数量波动，2011 年、2013 年和 2015 年为申请高峰年，但 2010 年、2012 年和 2014 年的相关专利数量仅为 1～2 项，2017 年和 2018 年的

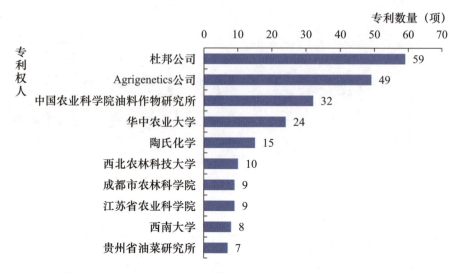

图 4.1　2009—2018 年全球油菜分子育种主要产业主体分布

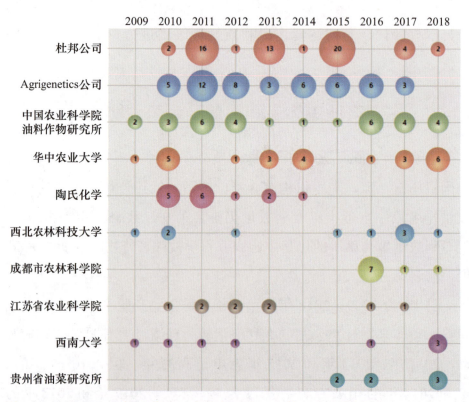

图 4.2　2009—2018 年油菜分子育种主要产业主体的专利年代趋势（单位：项）

| 第 4 章　油菜分子育种全球主要产业主体竞争力分析 |

专利数量也明显下降。Agrigenetics 公司 2010—2017 年连续由相关专利申请，2011 年专利数量最多（12 项），2017 年专利数量有所下降（3 项）。中国农业科学院油料作物研究所 2009—2018 年间持续有专利产出，2016—2018 年专利数量共 14 项，发展迅速。华中农业大学虽然专利申请不连续，但 2016—2018 年专利数量共 10 项，占近十年全部专利的 41.67%，发展势头良好。陶氏化学的专利申请集中在 2010—2014 年，可推测该公司 2015 年以来放弃油菜分子育种相关市场。西北农林科技大学、西南大学和贵州省油菜研究所 2016—2018 年专利数量占比都较高，成都市农林科学院的专利均为 2016—2018 年申请，为本领域新兴机构且发展最为迅猛。

▶ 4.2　主要产业主体优势技术和应用领域

图 4.3 和图 4.4 分别展示了 2009—2018 年油菜分子育种主要产业主体的技术分布和应用分布，需要注意的是，一项专利可能会涉及多项技术或应用领域。在技术领域，杜邦公司的单倍体育种和转基因技术相关专利远超其他机构，分别有 40 项和 34 项。在分子标记辅助选择相关专利中，数量最多的是中国农业科学院油料作物研究所（18 项），其次为华中农业大学（11 项）。其他机构的专利技术分布较为分散，详见图中所列。

在应用领域，杜邦公司的专利涉及应用分支共三个，55 项专利涉及高抗，20 项专利涉及高产，4 项专利涉及纤维素和种皮色。Agrigenetics 公司涉及的应用分布更为广泛，相关专利涉及高抗（47 项）、高产（16 项）、高品质、高油、高效、纤维素和种皮色。

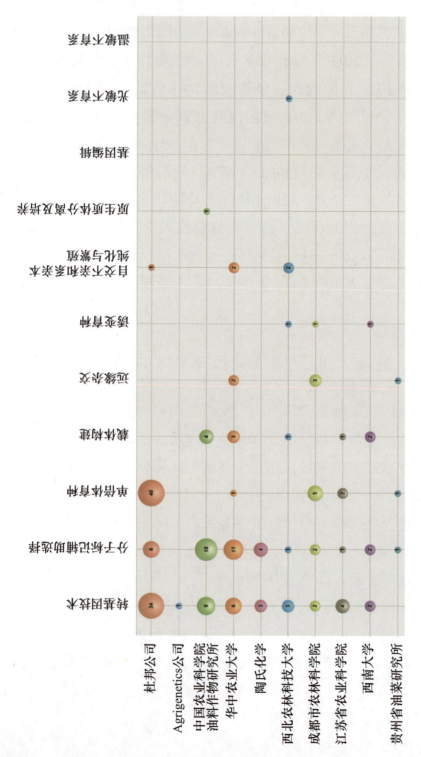

图 4.3 2009—2018 年油菜分子育种主要产业主体的技术分布（单位：项）

第 4 章　油菜分子育种全球主要产业主体竞争力分析

中国农业科学院油料作物研究所和华中农业大学涉及应用领域的专利较少，更多偏重在技术领域。其他机构的专利应用分布见图中所列。

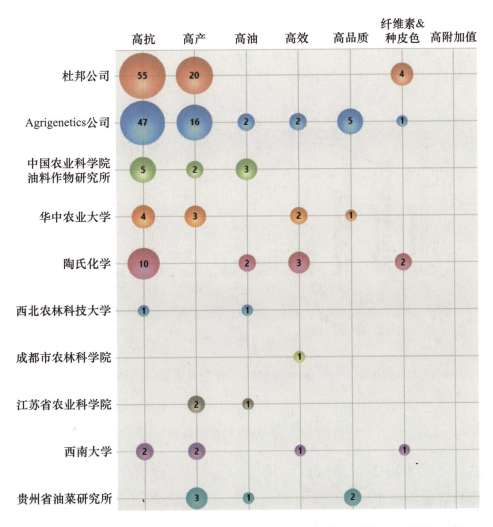

图 4.4　2009—2018 年油菜分子育种主要产业主体的应用分布（单位：项）

4.3 主要产业主体的授权与保护对比分析

将主要产业主体全部专利家族进行同族扩充和归并申请号,得到 2009—2018 年油菜分子育种主要产业主体的专利申请数量与授权且有效专利数量对比如图 4.5 所示。通过对比发现,中国产业主体和国外产业主体差距较大,具体表现在两方面。

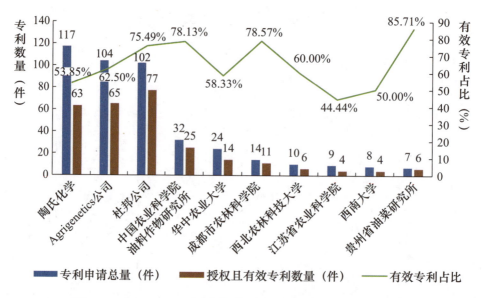

图 4.5　2009—2018 年油菜分子育种主要产业主体的专利申请数量与授权且有效专利数量对比

(1)陶氏化学、Agrigenetics 公司、杜邦公司进行同族扩充后的专利数量均在 100 件以上,足以证明这三个公司就一项专利技术在多个国家/地区进行了专利的申请布局,因此专利家族成员众多。反观中国的七个机构,大部分的专利件数与项数完全相等,说明中国的多数机构仅在中国进行专利申请,未进行其他国家/地区的专利布局,全球布局意识和布局策略严重欠缺。

第 4 章 油菜分子育种全球主要产业主体竞争力分析

（2）从专利有效性占比来看，贵州省油菜研究所、成都市农林科学院和中国农业科学院油料作物研究所的专利维持和保护做得不错，有效专利占比都在 75% 以上。在国外机构中，杜邦公司和 Agrigenetics 公司的有效专利占比分别为 75.49% 和 62.50%，虽然从比例上看低于前面所列的中国机构，但其专利总数更多，从数量上看，有效专利的数量也远远超过中国机构。

4.4 主要产业主体的专利运营情况对比分析

图 4.6 为 2009—2018 年油菜分子育种主要产业主体的专利运营分布。总体来看，中国相关机构均未发生专利转让，仅华中农业大学发生过 1 件专利的许可，国外 3 个公司则全部发生过专利转让，且杜邦公司转让专利 48 件，Agrigenetics 公司转让专利 44 件。从

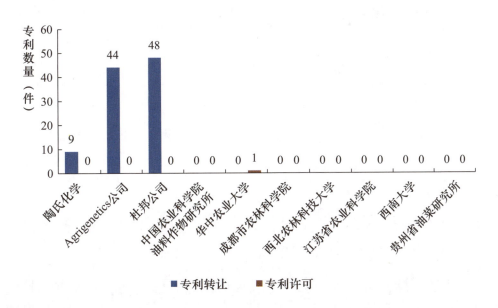

图 4.6 2009—2018 年油菜分子育种主要产业主体的专利运营分布

转让专利的数量可以反映出产业主体的专利价值、专利转移转化和产业化成果，从而发现中国产业主体在专利运营上与国外产业主体之间的巨大差距。

▶ 4.5 主要产业主体专利质量对比分析

本次分析采用 Innography 数据库中的专利强度区间来定义和分析专利质量，绘制 2009—2018 年油菜分子育种主要产业主体的专利质量对比如图 4.7 所示。可以看出，90～100 分的专利大多掌握在 Agrigenetics 公司手中，80～90 分的专利大多掌握在陶氏化学手中，在中国机构的专利中，0～10 分专利占比较高。

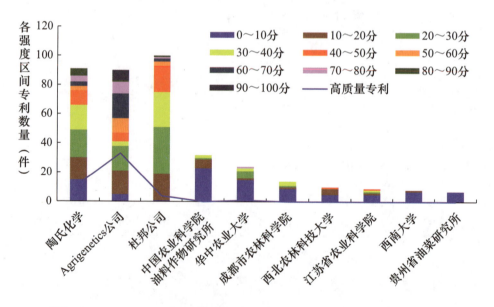

图 4.7　2009—2018 年油菜分子育种主要产业主体的专利质量对比

经过统计分析 Innography 数据库中的专利强度信息，在本次检索到的全部油菜分子育种专利中，排名前 10% 的专利强度在 60 分

第 4 章 油菜分子育种全球主要产业主体竞争力分析

以上，故本书定义 Innography 专利强度 ≥ 60 分的专利为高质量专利。从图 4.7 的高质量专利曲线可看出，Agrigenetics 公司的高质量专利数量最多（33 件），其次为陶氏化学（12 件）、杜邦公司（4 件），全部 7 个中国机构仅华中农业大学拥有 1 件高质量专利，其他机构的高质量专利数量均为 0。

2009—2018 年油菜分子育种主要产业主体的高质量专利申请趋势如图 4.8 所示，高质量专利的申请年份集中在 2010—2016 年，其中，Agrigenetics 公司 2011—2013 年共申请了 26 件高质量专利，可重点关注和研究这家公司这三年的专利。陶氏化学的高质量专利集中申请于 2011—2013 年，杜邦公司 2010—2013 年每年均有一件相关高质量专利的申请。华中农业大学的高质量专利申请于 2014 年。2009—2018 年油菜分子育种主要产业主体高质量专利详细信息见表 4.1。

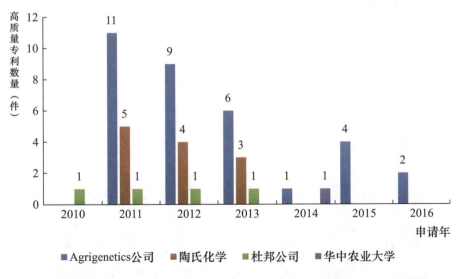

图 4.8 2009—2018 年油菜分子育种主要产业主体的高质量专利申请趋势

表 4.1 2009—2018 年油菜分子育种主要产业主体高质量专利详细信息

公开号	标题	申请年	专利权人	专利强度区间（分）	技术应用分类
US8563811B2	New seed of canola cultivar useful in breeding methods for producing canola plant having desired trait e.g. herbicide and insect resistances	2011	Agrigenetics公司	90~100	高抗
US8558064B2	New seed of canola cultivar CL31613, useful to produce canola plants having desired traits e.g. male sterility, resistance to herbicide e.g. glyphosate, insect resistance, and resistance to bacterial disease and fungal disease e.g. blackleg	2011	Agrigenetics公司	90~100	高抗
US8563810B2	New seed of canola cultivar useful in breeding methods for producing canola plant having desired trait e.g. herbicide and insect resistances	2011	Agrigenetics公司	90~100	高抗
US8530726B2	New seed of canola cultivar designated G030994, useful to produce canola plants having desired traits e.g. male sterility, herbicide (e.g. glyphosate) resistance, insect resistance, and resistance to bacterial disease and fungal disease	2011	Agrigenetics公司	90~100	高抗
US8558065B2	New seed of canola cultivar designated G31064, useful to produce canola plants having desired traits e.g. male sterility, herbicide (e.g. glyphosate) resistance, insect resistance, and resistance to bacterial disease and fungal disease	2011	Agrigenetics公司	90~100	高抗

第 4 章　油菜分子育种全球主要产业主体竞争力分析

（续表）

公开号	标题	申请年	专利权人	专利强度区间（分）	技术应用分类
US8664477B2	New seed of canola G152936H useful to produce canola plants that produce plants with desired traits e.g. insect resistance conferred by transgene encoding Bacillus thuringiensis endotoxin, and modified fatty acid or carbohydrate metabolism	2012	Agrigenetics公司	90~100	高抗
US8669422B2	New seed of canola designated CL166102H, for introducing desired trait, e.g. male sterility and herbicide resistance, into canola CL166102H, and for modifying fatty acid metabolism or modifying carbohydrate metabolism of canola CL166102H	2012	Agrigenetics公司	90~100	高抗
US8389811B2	New seed of canola cultivar designated DN051607, deposited ATCC Accession No. PTA-10174, useful for introducing desired trait into canola cultivar DN051607, and for modifying fatty acid metabolism of canola cultivar DN051607	2011	陶氏化学	80~90	高抗
US8324460B2	New seed of canola cultivar designated DN051692, deposited ATCC Accession No. PTA-10175, useful for introducing desired trait into canola cultivar DN051692, and for modifying fatty acid metabolism of canola cultivar DN051692	2011	陶氏化学	80~90	高抗
US8304614B2	New seed of canola cultivar designated G2X0044, where a representative sample of seed of the cultivar was deposited under ATCC Accession No. PTA-10176, useful for producing a canola plant with a desired trait, e.g. herbicide resistance	2011	陶氏化学	80~90	高抗、高效

（续表）

公开号	标题	申请年	专利权人	专利强度区间（分）	技术应用分类
US8304611B2	New seed of canola cultivar designated G2x0023, where a representative sample of seed of the cultivar was deposited under ATCC Accession No. PTA-10179, useful for producing a canola plant with a desired trait, e.g. herbicide resistance	2011	陶氏化学	80~90	高抗、高效
US9596871B2	New canola germplasm that confers crude protein content and acid detergent fiber (ADF) on canola seed, for introducing into canola cultivar at least one desired trait, e.g. high protein content, low ADF content, and high phosphorus content	2012	Agrigenetics公司、陶氏化学	80~90	高抗、高油
US8859858B1	New Canola variety NS6265, useful for developing further canola lines and varieties with desired traits, e.g. male sterility, abiotic stress tolerance, herbicide resistance, insect resistance and disease resistance	2012	杜邦公司	80~90	高抗、单倍体育种
US8324459B2	New seed of canola cultivar designated G2X0039, where a representative sample of seed of the cultivar was deposited under ATCC Accession No. PTA-10177, useful for producing a canola plant with a desired trait, e.g. herbicide resistance	2011	陶氏化学	70~80	高抗、高效
RU2017145009A	New canola germplasm conferring on canola seed the traits of high protein content and low acid detergent fiber content, useful in producing canola meal which is useful as protein or energy supplement in diet of ruminants, swine, or poultry	2012	Agrigenetics公司、陶氏化学	70~80	其他

第4章 油菜分子育种全球主要产业主体竞争力分析

（续表）

公开号	标题	申请年	专利权人	专利强度区间（分）	技术应用分类
US9375025B2	New canola germplasm conferring on canola seed the traits of high protein content and low acid detergent fiber content, useful in producing canola meal which is useful as protein or energy supplement in diet of ruminants, swine, or poultry	2012	Agrigenetics公司、陶氏化学	70~80	其他
US8519229B2	New seed of canola designated G152964H, for introducing a desired trait, e.g. male sterility, herbicide resistance, into canola G152964H, and for modifying fatty acid metabolism or modifying carbohydrate metabolism of canola G152964H	2011	Agrigenetics公司	70~80	高产、高抗、高效
US8519228B2	New seed of canola designated G152950H used to produce canola plant exhibiting desired trait e.g. male sterility, herbicide resistance, insect resistance, resistance to bacterial, viral or fungal diseases, and modified fatty acid metabolism	2011	Agrigenetics公司	70~80	高抗
US8575435B2	New seed of canola cultivar useful in breeding methods for producing canola plant having desired trait e.g. herbicide and insect resistances	2011	Agrigenetics公司	70~80	高抗
US8541658B2	New seed of canola designated CL121460H, for introducing a desired trait, e.g. male sterility, herbicide resistance, into canola CL121460H, and for modifying fatty acid metabolism or modifying carbohydrate metabolism of canola CL121460H	2011	Agrigenetics公司	70~80	高产、高抗、高效

（续表）

公开号	标题	申请年	专利权人	专利强度区间（分）	技术应用分类
US8541657B2	New seed of canola designated CL117235H, useful to produce canola plant exhibiting desired trait e.g. male sterility, herbicide resistance, insect resistance, resistance to bacterial or fungal diseases, and modified fatty acid metabolism	2011	Agrigenetics公司	70~80	高产、高抗
US8541656B2	New seed of canola cultivar useful in breeding methods for producing canola plant having desired trait e.g. herbicide and insect resistances	2011	Agrigenetics公司	70~80	高抗
CN104394686B	New synthetic nucleic acid molecule encoding Brassica chloroplast transit peptide, useful for producing a transgenic plant material and transgenic plant commodity product	2013	陶氏化学	70~80	高抗、转基因技术
CN104263656B	New Trichoderma atroviride strain ReTv2 useful for promoting growth of canola, and preparing agent for controlling clubroot disease caused due to Plasmodiophora brassicae	2014	华中农业大学	70~80	高抗
CN107815462A	Producing glyphosate tolerant Brassica plant e.g. canola plant used for producing food, oil or feed, by breeding Brassica plant containing polynucleotide encoding glyphosate-N-acetyltransferase or progeny containing DP-073496-4 event	2010	杜邦公司	70~80	转基因技术
CN103443292B	Identifying a Brassica plant or germplasm that exhibits whole plant field resistance or improved whole plant field resistance to Sclerotinia by detecting in the plant or germplasm at least one allele of at least one quantitative trait locus	2011	杜邦公司	60~70	高抗、分子标记辅助选择

第 4 章 油菜分子育种全球主要产业主体竞争力分析

（续表）

公开号	标题	申请年	专利权人	专利强度区间（分）	技术应用分类
CA2827901C	New canola germplasm conferring on canola seed the traits of high protein content and low acid detergent fiber content, useful in producing canola meal which is useful as protein or energy supplement in diet of ruminants, swine, or poultry	2012	Agrigenetics公司、陶氏化学	60~70	其他
MX358659B	New canola germplasm conferring on canola seed the traits of high protein content and low acid detergent fiber content, useful in producing canola meal which is useful as protein or energy supplement in diet of ruminants, swine, or poultry	2013	Agrigenetics公司、陶氏化学	60~70	其他
US9173365B2	New seed of canola G73875R useful to produce canola plants that produce plants with desired traits e.g. insect resistance conferred by transgene encoding Bacillus thuringiensis endotoxin, and modified fatty acid or carbohydrate metabolism	2013	Agrigenetics公司	60~70	高抗
US9173364B2	New seed of canola I2X0066A/B useful for producing canola plant desired trait chosen from male sterility, herbicide resistance, insect resistance and resistance to e.g. fungal disease, and as biodiesel and plastic feedstock	2013	Agrigenetics公司	60~70	高产、高品质、高抗
WO2013158766A1	New synthetic nucleic acid molecule encoding Brassica chloroplast transit peptide, useful for producing a transgenic plant material and transgenic plant commodity product	2013	陶氏化学	60~70	其他、高抗、转基因技术

(续表)

公开号	标题	申请年	专利权人	专利强度区间（分）	技术应用分类
US9185863B2	New plant cell from canola variety VR 9562 GC, useful to breed second canola plant and inbred, to produce cleaned and treated canola seed, to produce commodity product e.g. seed oil, as recipient of locus conversion and to grow a crop	2013	杜邦公司	60～70	高产、高抗、单倍体育种、转基因技术
US9204602B1	New seed of canola designated CL77606R where a representative sample of seed is deposited under ATCC Accession No. PTA-121617 for use in producing a transgenic canola plant having a desired trait, e.g. herbicide resistance	2012	Agrigenetics公司	60～70	高产、高抗
US9204601B1	New seed of canola designated CL60855R where a representative sample of seed is deposited under ATCC Accession No. PTA-121618 for use in producing a transgenic canola plant having a desired trait, e.g. herbicide resistance	2012	Agrigenetics公司	60～70	高产、高抗
US9210857B1	New seed of canola designated CL102407R where a representative sample of seed is deposited under ATCC Accession No. PTA-121616 for use in producing a transgenic canola plant having a desired trait, e.g. herbicide resistance	2012	Agrigenetics公司	60～70	高产、高抗
US10165751B2	New seed of canola G30853A useful in e.g. plant breeding technique for producing transgenic canola plant with desired traits e.g. male sterility, herbicide resistance, and resistance to insect, bacterial, fungal or viral disease	2015	Agrigenetics公司	60～70	高产、高抗

第 4 章　油菜分子育种全球主要产业主体竞争力分析

（续表）

公开号	标题	申请年	专利权人	专利强度区间（分）	技术应用分类
US9414556B1	New seed of canola G98014R, useful for producing plants with desired trait e.g. herbicide resistance and insect resistance, and modified fatty acid metabolism or carbohydrate metabolism, and fourth or higher backcross progeny canola plant	2013	Agrigenetics公司	60～70	高产、高品质、高抗
US9426953B1	New canola seed variety CE216910H for obtaining canola plant with desired trait selected from group consisting of herbicide resistance, insect resistance, and resistance to bacterial disease, fungal disease or viral disease	2014	Agrigenetics公司	60～70	高抗
US9445564B1	New seed of canola designated DN051465A, deposited under ATCC Accession No. PTA-122824, useful for introducing desired trait, e.g. herbicide resistance, insect resistance, and resistance to bacterial disease, into canola DN051465A	2013	Agrigenetics公司	60～70	高抗
US9447430B1	New canola G2X0023AB, useful for developing further canola plants with desired traits, e.g. herbicide resistance, insect resistance, and resistance to bacterial disease, fungal disease or viral disease	2013	Agrigenetics公司	60～70	高抗
US10314270B2	New cell of seed of canola cultivar designated G3697124H useful for producing descendant canola plants with desired trait e.g. resistance to herbicide, or modified fatty acid metabolism or modified carbohydrate metabolism	2016	Agrigenetics公司	60～70	高抗

(续表)

公开号	标题	申请年	专利权人	专利强度区间（分）	技术应用分类
US10306852B2	New cell of seed of canola cultivar G1992650A useful for producing seed or crop comprising desired trait e.g. male sterility, herbicide resistance, insect resistance, and resistance to bacterial disease, fungal disease or viral disease	2016	Agrigenetics公司	60~70	高抗
US9844195B1	New seed of canola cultivar CL2537387H useful for producing hybrid plant with desired trait chosen from herbicide resistance e.g. imidazolinone, insect resistance, and resistance to bacterial disease, fungal disease or viral disease	2015	Agrigenetics公司	60~70	高抗
US9854763B1	New seed of canola cultivar CL1992625B useful for producing plant having desired trait chosen from herbicide resistance, insect resistance, and resistance to bacterial disease, fungal disease or viral disease	2015	Agrigenetics公司	60~70	高产、高抗
US9986702B1	New seed of canola designated G1934899R useful for producing hybrid seed and plant with desired trait chosen from herbicide resistance, insect resistance, and resistance to bacterial disease, fungal disease or viral disease	2015	Agrigenetics公司	60~70	高产、高抗

第 5 章
油菜分子育种高质量专利态势分析

本书 4.5 节中提到，在本次检索到的全部油菜分子育种专利中，排名前 10% 的专利强度在 60 分以上，故本书定义 Innography 专利强度 ≥ 60 分的专利为高质量专利。本章针对全球油菜分子育种专利中专利强度 ≥ 60 分的 115 件高质量专利进行分析。

5.1 全球高质量专利申请趋势

全球油菜分子育种高质量专利申请趋势如图 5.1 所示，第一件高质量专利是 Calgene 公司 1988 年申请的 US5107065A：*Anti-*

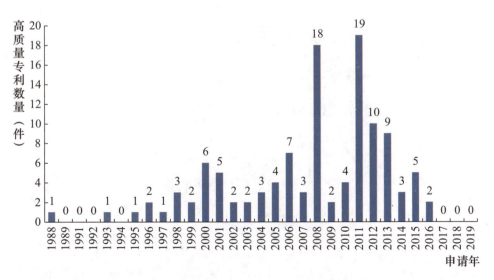

图 5.1 全球油菜分子育种高质量专利申请趋势

sense regulation of gene expression in plant cells，专利强度区间为 90～100 分，Calgene 公司 1995 年被孟山都公司收购，该专利于 2009 年失效。第二件高质量专利是原陕西省农垦科技教育中心 1993 年申请的 CN1034848C：甘蓝型低芥中硫油菜三系杂交育种技术，专利强度区间为 60～70 分，该专利于 2008 年失效。高质量专利申请的高峰出现在 2008 年和 2011 年，2008 年的高质量专利主要来自美国的陶氏化学和 Cibus 公司，2011 年的高质量专利则主要来自 Agrigenetics 公司和陶氏化学。

▶ 5.2 高质量专利国家/地区分布

从图 5.2 中可以看出油菜分子育种高质量专利来源于 4 个国家/地区：美国（97 件）、欧洲（9 件）、德国（5 件）、中国（4 件），绝大部分高质量专利来源于美国，占比最高（84%）。

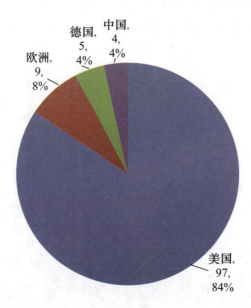

图 5.2　全球油菜分子育种高质量专利来源国家/地区分布（单位：件）

5.3 高质量专利主要产业主体分析

油菜分子育种高质量专利的主要产业主体分布如图5.3所示，Agrigenetics公司的高质量专利数量最多，其次为陶氏化学，部分高质量专利为Agrigenetics公司和陶氏化学合作申请。TOP5产业主体共申请高质量专利82件，占全部高质量专利的71.30%。

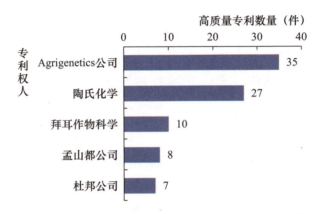

图5.3 油菜分子育种高质量专利的主要产业主体分布

油菜分子育种高质量专利主要产业主体申请趋势如图5.4所示，拜耳作物科学、孟山都公司和杜邦公司的高质量专利申请主要集中

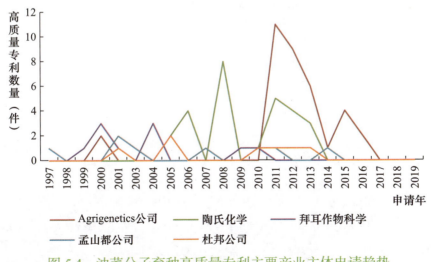

图5.4 油菜分子育种高质量专利主要产业主体申请趋势

在 2006 年以前，陶氏化学的高质量专利在 2006—2013 年申请，Agrigenetics 公司的高质量专利主要集中在 2011—2015 年申请，高质量专利申请高峰出现在 2011 年（11 件）。

5.4 高质量专利技术应用分布

分析高质量专利的技术和应用分布，可以掌握目前本领域内的高质量专利布局侧重点，寻求高质量专利涉及较少的技术或应用领域进行突破。从图 5.5 中可以看出，油菜分子育种领域的高质量专利目前主要涉及转基因技术、高抗和高产特性。

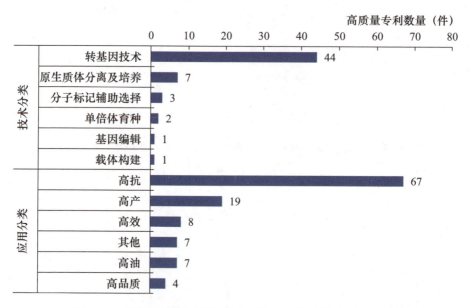

图 5.5　全球油菜分子育种高质量专利的技术应用分布

5.5 失效高质量专利信息

通过分析高质量专利的法律状态发现，目前有 24 件高质量专利处于失效状态，这 24 件失效专利如表 5.1 所示，失效专利中的专利技术可以无偿使用，供相关研究机构和企业参考。

第 5 章 油菜分子育种高质量专利态势分析

表 5.1 全球油菜分子育种高质量专利的失效信息

公开号	标题	申请年	专利权人	专利强度区间（分）	技术应用分类
US20090205064A1	New isolated nucleic acid encoding a Brassica acetohydroxyacid synthase (AHAS) protein, useful for producing an herbicide-resistant plant, increasing the herbicide-resistance of a plant, and controlling weeds in a field containing plants	2008	Cibus公司	90~100	转基因技术
US7135614B1	Mutated Brassica or Helianthus delta-12 or -15 fatty acid desaturase genes and plants containing them, having altered fatty acid content of seed oil, especially low saturates but high oleic acid content	1995	Cargill公司	90~100	高油
US5107065A	Regulating gene expression in plant cells using a DNA sequence having the transcribed strand complementary to RNA endogenous in the cells	1988	孟山都公司	90~100	高抗
WO2009046334A1	New isolated nucleic acid encoding a Brassica acetohydroxyacid synthase (AHAS) protein, useful for producing an herbicide-resistant plant, increasing the herbicide-resistance of a plant, and controlling weeds in a field containing plants	2008	Cibus公司	80~90	转基因技术
US6380466B1	Method of production of improved rapeseed exhibiting yellow-seed coat has plants producing yellow-seed coat controlled by a single locus mutation where plants from the rapeseed are useful for transferring the trait into elite lines of canola	1998	孟山都公司	70~80	其他

（续表）

公开号	标题	申请年	专利权人	专利强度区间（分）	技术应用分类
US5801233A	Isolated DNA encoding plant and cyanobacterial acetyl-CoA carboxylase polypeptides useful for producing recombinant polypeptides and increasing the herbicide resistance of plants	1996	ARCH Development Corporation	70~80	转基因技术
US6426447B1	New transgenic rapeseed, soybean, sunflower of castor bean seeds having increased stearate content are obtained by transforming plants with a construct antisense to Brassica campestris acyl-ACP desaturase	1997	孟山都公司	70~80	转基因技术
US6552250B1	Novel isolated polynucleotide encoding polypeptide having Brassica napus diacylglycerol-acyltransferase activity, useful for increasing triacyl glycerol synthesis, seed oil content and oil quality in plants	2000	加拿大农业与农业食品部	70~80	转基因技术
US20030159173A1	New nucleic acid encoding beta-ketoacyl-CoA-synthase from Brassica napus, useful for preparing transgenic plants with high content of very long, optionally unsaturated, fatty acids	2002	Gvs Gesellschaft Fur Erwerb Und Verwertung Von Schutzrechten Mbh	70~80	转基因技术
CN101646782A	Examining a sample for the presence or absence of material derived from transgenic plant events comprises detecting nucleic acids in the sample	2008	科学公共卫生研究所(IPH)	70~80	转基因技术
CN108130336A	New isolated nucleic acid encoding a Brassica acetohydroxyacid synthase (AHAS) protein, useful for producing an herbicide-resistant plant, increasing the herbicide-resistance of a plant, and controlling weeds in a field containing plants	2008	Cibus公司	60~70	转基因技术

（续表）

公开号	标题	申请年	专利权人	专利强度区间（分）	技术应用分类
CN108342376A	New isolated nucleic acid encoding a Brassica acetohydroxyacid synthase (AHAS) protein, useful for producing an herbicide-resistant plant, increasing the herbicide-resistance of a plant, and controlling weeds in a field containing plants	2008	Cibus公司	60～70	转基因技术
WO2009111587A2	Regulating fatty acid unsaturation in seed oil by obtaining an oilseed-bearing plant, and modulating expression or activity of phosphatidylcholine:diacylglycerol cholinephosphotransferase (PDCT) in seeds or developing seeds of plant	2009	华盛顿州立大学	60～70	转基因技术
WO2008092866A1	Examining a sample for the presence or absence of material derived from transgenic plant events comprises detecting nucleic acids in the sample	2008	科学公共卫生研究所(IPH)	60～70	转基因技术
CN1034848C	Wild cabbage type low mustard, middle sulphur rape three-way crossbreeding technology	1993	陕西省农垦科技教育中心	60～70	高产、高抗
CA2238964C	Mutated Brassica or Helianthus delta-12 or -15 fatty acid desaturase genes and plants containing them, having altered fatty acid content of seed oil, especially low saturates but high oleic acid content	1996	Cargill公司	60～70	高油
US6946588B2	Biosynthesis of poly-beta-hydroxy;butyrate-co -poly-beta-hydroxy;valerate in plants and bacteria useful as biodegradable plastic for manufacture of bottles, films, coatings and in drug release applications	2001	孟山都公司	60～70	转基因技术

（续表）

公开号	标题	申请年	专利权人	专利强度区间（分）	技术应用分类
CA2290883C	Enhancing cytoplasmic male sterility in plants using gene constructs comprising a sequence encoding a mitochondrial transit peptide fused to a Brassica napus atp6 and orf224 gene, useful for crop production	1998	Mcgill University	60~70	基因编辑
US20030145350A1	New DNA encoding plant β-ketoacyl-acyl-carrier protein synthase III, useful for making transgenic plants and microorganisms with increased production of short- or medium-chain fatty acids	2002	Gvs Gesellschaft Fur Erwerb Und Verwertung Von Schutzrechten Mbh	60~70	转基因技术
WO2004113542A1	Reducing seed shattering in a plant, preferably a Brassicaceae plant by creating a population of transgenic lines of the plant, where the transgenic lines of the population exhibit variation in podshatter resistance	2004	拜耳作物科学，加利福尼亚大学	60~70	转基因技术
US20060225156A1	Novel seed of canola variety SW 013186, useful for producing hybrid canola variety having desired traits such as resistance to herbicides and insects	2006	SW Seed Ltd	60~70	高抗
US20060225157A1	Novel seed of canola variety SW 013154 deposited under ATCC, useful for producing hybrid canola varieties having desired traits such as resistance to, e.g. herbicides, pests and insects	2006	SW Seed Ltd	60~70	高产、高抗、高效、转基因技术
US20060225158A1	Novel seed of canola variety SW 013062, representative sample of seed deposited under ATCC Accession Number-, useful for producing herbicide resistant, insect resistant, disease resistant and male sterile canola plant	2006	SW Seed Ltd	60~70	高抗
US20060225159A1	Novel seed of canola cultivar NQC02CNX13 (PTA-6643), useful for producing hybrid canola cultivars having desired traits and resistance to e.g. herbicides and insects	2006	陶氏化学	60~70	高产、高品质、高抗、高效、原生质体分离及培养

第 6 章 油菜分子育种热点专题分析

6.1 油菜单倍体育种技术论文态势分析

6.1.1 研究背景

单倍体是含有单套染色体的细胞或植株，由单倍体通过染色体加倍得到的二倍体称为双单倍体，单倍体通过加倍可以在一个世代内得到在遗传上100%纯合的双单倍体，在遗传育种中可以极大地加快育种进程。早在20世纪70年代，THOMPSON等就利用单倍体育成了油菜新品种Maris Haplona。而在更早的时候，在玉米的商业育种中已经开始单倍体育种技术的开发。近年来，单倍体育种技术已经被越来越多的商业育种公司和研究机构采用，成为遗传育种中的研究热点之一。

油菜是世界四大重要油料作物之一，也是中国的主要油料作物，在中国的国民经济和人民生活中占有重要的地位。目前，国内外油菜育种的重点是把油菜优质育种与杂交优势育种结合起来，以选育优质的品种。近年来，随着生物技术的迅速发展，特别是单倍体育种技术在油菜育种中的广泛应用，极大地促进了品质育种、抗性育种和杂优育种的结合，使油菜杂种优势的研究和利用进入一个崭新的发展阶段。

本节以单倍体育种技术在油菜中的应用为研究对象，分析相关论文产出趋势、来源国家和机构分布、高质量论文来源并挖掘领域研究热点，帮助相关科研人员和管理人员了解该技术的全球发展现状，掌握研究热点和方向，研判发展趋势。

本节采用科睿唯安 Science Citation Index Expanded（SCI-EXPANDED）和 Conference Proceedings Citation Index- Science（CPCI-S）数据库作为检索数据源，对全球 1995—2019 年的油菜单倍体育种技术相关论文进行检索，采用 Derwent Data Analyzer、VOSviewer 等工具对数据进行清洗和分析。

截至 2019 年 5 月 22 日，在上述数据库中共检索到 1995—2019 年油菜单倍体育种相关论文 398 篇。考虑到数据库收录与论文发表的时间差，2018—2019 年的论文数量尚不完整，不能完全代表这两年的趋势。

6.1.2 论文产出分析

全球及中国油菜单倍体育种技术年度发文趋势如图 6.1 所示，1995 年发文量为 14 篇，1995—2005 年，年发文量保持在 10 篇左右，2006 年发文量快速上升，当年发文量为 25 篇。2006—2018 年发文量在 20 篇左右浮动，其中 2016 年发文量最高，为 28 篇。中国科研人员在该领域的研究紧跟全球趋势，在国际上的发文始于 2001 年，且 2003—2006 年发文量逐年增加，2006—2011 年发文量稳定在 7 篇左右。2012—2018 年发文量相对稳定，其中 2013 年发文量最高，为 13 篇。

表 6.1 为全球油菜单倍体育种技术 TOP20 发文国家分布。从论文来源国家来看，中国和加拿大在发文数量上拥有绝对的优势，是该技术研究较为集中的国家。

第 6 章 油菜分子育种热点专题分析

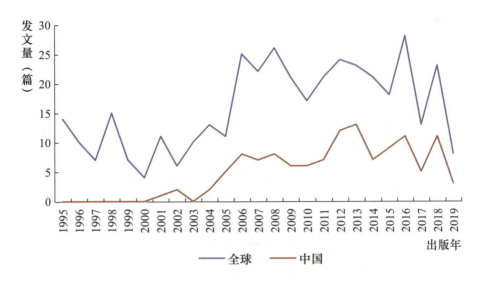

图 6.1　全球及中国油菜单倍体育种技术年度发文趋势

表 6.1　全球油菜单倍体育种技术排名前二十的发文国家分布（单位：篇）

序号	国家	发文量	序号	国家	发文量
1	中国	123	11	西班牙	13
2	加拿大	90	12	捷克	11
3	德国	65	13	日本	7
4	澳大利亚	41	14	瑞典	7
5	法国	36	15	瑞士	7
6	英国	34	16	荷兰	5
7	美国	26	17	奥地利	4
8	伊朗	17	18	丹麦	3
9	印度	15	19	印度尼西亚	3
10	波兰	15	20	比利时	3

6.1.3　主要发文机构分析

全球油菜单倍体育种技术发文排名前二十机构如图 6.2 所示，排名前二十的机构分别来自于中国、德国、加拿大、法国、澳大利亚、美国和伊朗。华中农业大学（64 篇）发文量排名第一，德国

133

哥廷根大学（31篇）位列第二，加拿大农业与农业食品部（29篇）位列第三。全球油菜单倍体育种技术发文排名前十和排名前二十机构的发文量分别为220篇和266篇，占该领域发文总量的55.3%和66.8%。

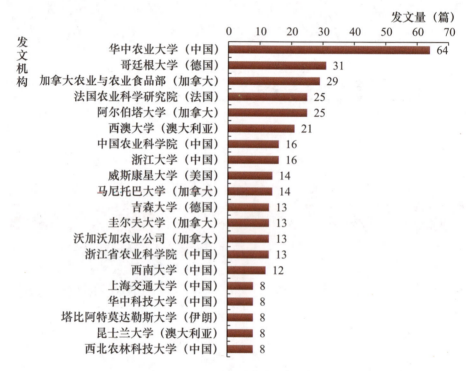

图6.2 全球油菜单倍体育种技术发文排名前二十的机构

全球油菜单倍体育种技术发文排名前十机构年度发文趋势如图6.3所示，华中农业大学自2005年开始发文，2005—2012年发文量逐年上升，2012年达到历史最高发文量（9篇），2012—2019年发文量有所下降，但在该领域中仍处于比较活跃的状态。德国哥廷根大学自1995年开始发文，2016年发文量最高（5篇）。加拿大农业与农业食品部自1995年开始发文，2016年发文量最高（4篇）。

第 6 章 油菜分子育种热点专题分析

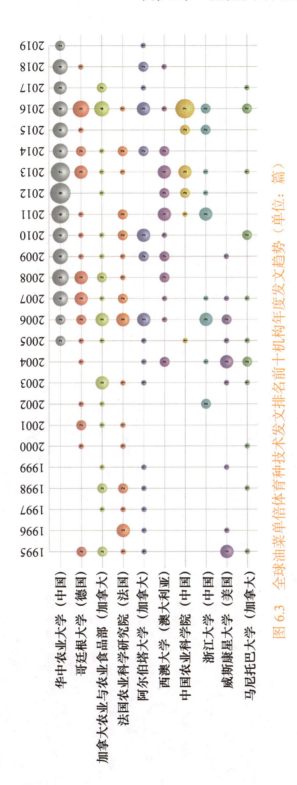

图 6.3 全球油菜单倍体育种技术发文排名前十机构年度发文趋势（单位：篇）

135

全球油菜单倍体育种技术发文排名前十机构合作发文如图6.4所示。华中农业大学与其他机构合作最多，与排名前十其他机构共合作发文14篇，其中包括与浙江大学合作发文4篇，与中国农业科学院合作发文3篇，与加拿大马尼托巴大学合作发文2篇，与澳大利亚西澳大学合作发文2篇。加拿大农业与农业食品部与排名前十

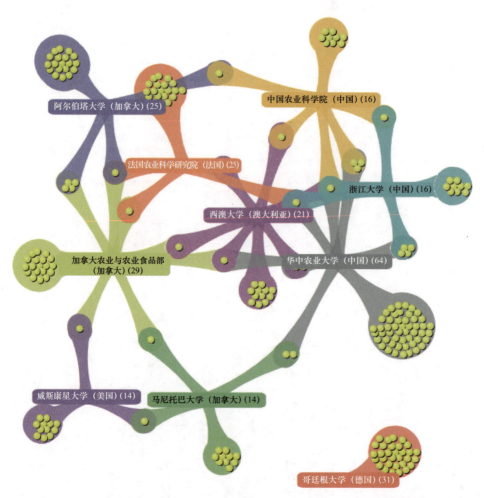

图6.4 全球油菜单倍体育种技术发文排名前十的机构合作发文（单位：篇）

其他机构的合作发文量排名第二，为 9 篇。合作机构包括加拿大阿尔伯塔大学、加拿大马尼托巴大学、美国威斯康星大学、法国农业科学研究院、澳大利亚西澳大学和华中农业大学。澳大利亚西澳大学与 TOP10 其他机构的合作发文量也为 9 篇，合作机构包括法国农业科学研究院、华中农业大学、浙江大学和中国农业科学院。

6.1.4 高质量论文分析

本次分析的高质量论文包括高被引论文和热点论文：将超过全球油菜单倍体育种技术论文被引次数基线的论文定义为高被引论文；将在该领域最近两年发表的论文被引用次数超过被引基线的论文定义为热点论文。

本次检索到全球油菜单倍体育种技术领域共发表论文 398 篇，共被引用 10 992 次，平均被引次数为 10 992/398=27.62，故定被引频次 ≥ 28 的论文为高被引论文，共 119 篇；该领域 2016—2019 年共发表论文 72 篇，共被引用 345 次，平均被引次数为 345/72=4.79，故定义被引频次 ≥ 5 的论文为热点论文，共 26 篇。

油菜单倍体育种技术高被引论文来源国家如图 6.5 所示，该领域高被引论文主要来自中国、加拿大、英国、德国、法国、澳大利亚和美国，论文质量较高，处于全球较领先的地位。

油菜单倍体育种技术热点论文来源国家如图 6.6 所示，该领域热点论文来源国家除中国和加拿大依旧领先外，德国和澳大利亚排名也较靠前，说明这两个国家在近两年对该领域也投入了一定研究，且产出质量较高，是值得关注的国家。

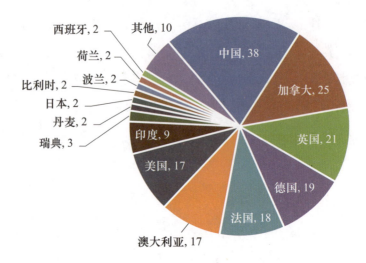

图 6.5　油菜单倍体育种技术高被引论文来源国家（单位：篇）

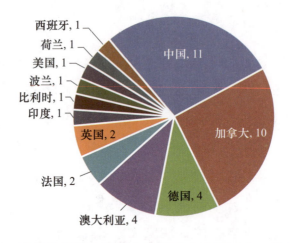

图 6.6　油菜单倍体育种技术热点论文来源国家（单位：篇）

表 6.2 为全球油菜单倍体育种技术高质量论文排名前十机构及发文数量。华中农业大学的高被引论文数量排名第一，法国农业科学研究院的高被引论文数量排名第二，加拿大农业与农业食品部和美国威斯康星大学的高被引论文数量并列第三。中国农业科学院的热点论文发文数量排名第一，加拿大农业与农业食品部、华中农业大学和加拿大阿尔伯塔大学的热点论文数量并列第二。

表 6.2　全球油菜单倍体育种技术领域高质量论文排名前十的机构及发文数量（单位：篇）

序号	高被引论文发文机构	发文量	热点论文发文机构	发文量
1	华中农业大学（中国）	21	中国农业科学院（中国）	5
2	法国农业科学研究院（法国）	17	加拿大农业与农业食品部（加拿大）	4
3	加拿大农业与农业食品部（加拿大）	12	华中农业大学（中国）	4
4	威斯康星大学（美国）	12	阿尔伯塔大学（加拿大）	4
5	哥廷根大学（德国）	11	黄冈师范学院（中国）	3
6	浙江大学（中国）	9	江苏省农业科学院（中国）	3
7	西澳大学（澳大利亚）	9	华中科技大学（中国）	3
8	沃加沃加农业公司（加拿大）	7	沃加沃加农业公司（加拿大）	3
9	浙江省农业科学院（中国）	6	西北农林科技大学（中国）	3
10	中国农业科学院（中国）	4	Armatus Genet公司（加拿大）	2
11	吉森大学（德国）	4	哥廷根大学（德国）	2
12	昆士兰大学（澳大利亚）	4	浙江大学（中国）	2
13			马尼托巴大学（加拿大）	2

6.1.5　研究热点分析

本次分析基于检索到的全球油菜单倍体育种技术 398 篇论文的全部关键词（作者关键词与 Web of Science 数据库提取的关键词），利用 VOSviewer 软件对该领域的主题进行挖掘，生成研究热点聚类图如图 6.7 所示，油菜单倍体育种领域论文共有 4 个聚类：红色聚类由 doubled haploid、rapeseed、brassica-napus l、microspore culture、embryogenesis 等 27 个关键词组成；绿色聚类由 markers、canola、genes、populations 和 oleracea 等 27 个关键词组成；蓝色

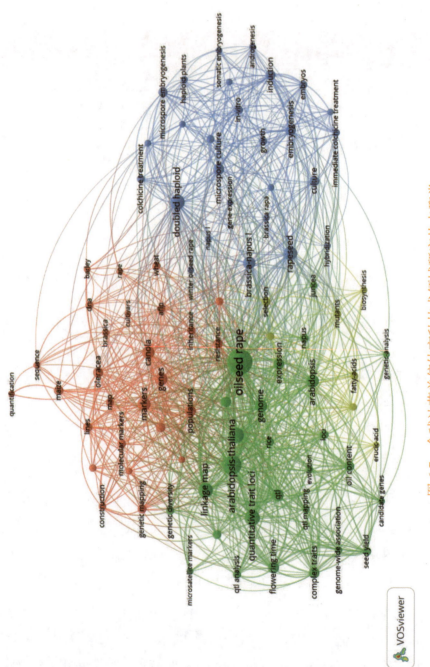

图 6.7 全球油菜单篇体育种技术领域研究热点聚类

聚类由 oilseed rape、arabidopsis-thaliana、identification、quantitative trait loci 和 linkage map 等 27 个关键词组成；黄色聚类由 selection、fatty-acids、seed oil、mutants 和 summer rape 等 7 个关键词组成。

6.2 油菜优异性状聚合育种技术论文态势分析

6.2.1 研究背景

油菜既是重要的油料作物，又是优质的蛋白饲料作物和潜在的能源作物。培育高效型优质油菜是中国油菜育种的首要目标，所谓高效型优质油菜，是指在双低基础上，进一步提高油菜籽的产量（高产），改良油菜籽的品质（高品质，如高油酸、低饱和脂肪酸、低亚麻酸），大幅度提高单位面积产油量（高油，如含产籽量和含油量），全面改良现有品种的抗逆性（高抗，如抗倒性、耐渍性、抗病性、除草剂抗性和抗裂荚性等），综合开发多功能、高附加值（高附加值）的利用途径，实现油菜生产的全程机械化操作的战略目标。

近年来，生物技术的迅速发展极大地促进了品质育种、抗性育种和杂交优势育种的结合，使油菜优势性状的研究和利用进入一个崭新的发展阶段。油菜的品质改良已不再局限于一种指标或品质，通过品种间杂交育种、现代分子育种技术等单项或综合途径实现众多有利基因聚合，从而实现油菜优质育种的聚合是现代育种发展的一个重要趋势。

本节以油菜优异性状聚合育种技术为研究对象，分析相关论文产出趋势、来源国家和机构分布、高质量论文来源并挖掘领域研究热点，帮助相关科研人员和管理人员了解该技术的全球发展现状，掌握研究热点和方向，研判发展趋势。

本节采用科睿唯安 Science Citation Index Expanded (SCI-EXPANDED) 和 Conference Proceedings Citation Index- Science (CPCI-S) 数据库作为检索数据源，对全球 1995—2019 年的油菜优异性状聚合育种技术相关论文进行检索，采用 Derwent Data Analyzer、VOSviewer 等工具对数据进行清洗和分析。

截至 2019 年 6 月 18 日，在上述数据库中共检索到 1995—2019 年油菜优异性状聚合育种技术相关论文 505 篇。考虑到数据库收录与论文发表的时间差，2018—2019 年的论文数量尚不完整，不能完全代表这两年的趋势。

6.2.2 论文产出分析

本节主要研究优异性状聚合的 10 个分支领域，具体包括高产 & 高附加值、高产 & 高抗、高产 & 高品质、高产 & 高油、高抗 & 高附加值、高抗 & 高品质、高品质 & 高附加值、高油 & 高附加值、高油 & 高抗和高油 & 高品质。图 6.8 为全球油菜优异性状聚合育种技术各领域发文量，可见高产 & 高抗领域发文量最高，高产 & 高油领域发文量次之，高产 & 高品质领域发文量排名第三。

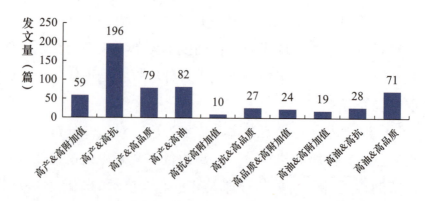

图 6.8　全球油菜优异性状聚合育种技术各领域发文量

图 6.9 为全球油菜优异性状聚合育种技术及分支领域年度发文趋势，1995—2015 年本领域发文量总体呈现上升的趋势，2016 年发文量略有下降，2017 年重新回升。高产 & 高抗领域 2015 年发文量最高，其次为高产 & 高品质领域。除高产 & 高抗领域外，其他领域 2016—2019 年的发文数量均在 10 篇以下，可见复合高产和高抗性状的油菜育种技术研究为 2015—2019 年的热点。

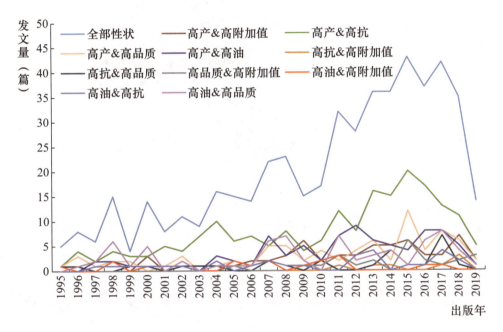

图 6.9　全球油菜优异性状聚合育种技术及分支领域年度发文趋势

6.2.3　主要来源国家分布

图 6.10 为全球油菜优异性状聚合育种技术主要来源国家分布，可见中国和加拿大在发文数量上拥有绝对的优势，是该技术研究较为集中的国家。

表 6.3 为全球油菜优异性状聚合育种技术各领域发文量第一的国家，从表中可以看出，中国在油菜高产 & 高抗、高产 & 高品质、

高抗&高品质优异性状聚合育种技术研究领域处于领先的位置；德国在油菜高产&高附加值和高油&高品质优异性状聚合育种技术研究领域处于领先的位置；美国在油菜高产&高附加值和高油&高抗优异性状聚合育种技术研究领域处于领先的位置；加拿大在油菜高抗&高附加值优异性状聚合育种技术研究领域处于领先的位置。

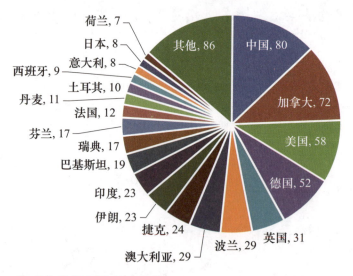

图6.10 全球油菜优异性状聚合育种技术主要来源国家分布（单位：篇）

表6.3 全球油菜优异性状聚合育种技术各领域发文量第一国家

优势性状聚合育种	国家	发文量（篇）
高产&高附加值	德国	13
	美国	13
高产&高抗	中国	44
高产&高品质	中国	13
高产&高油	捷克	13
高抗&高附加值	加拿大	4
高抗&高品质	中国	6
高品质&高附加值	德国	4
高油&高附加值	波兰	4
高油&高抗	美国	6
高油&高品质	德国	10

6.2.4 主要发文机构分析

全球油菜优异性状聚合育种技术发文排名前二十的机构如图6.11所示，排名前二十的机构来自加拿大、中国、瑞典、美国、波兰、芬兰、伊朗、捷克、澳大利亚、丹麦、巴基斯坦和德国。发文量最多的机构是加拿大农业与农业食品部（33篇），其次为中国农业科学院和华中农业大学（均为18篇）。全球油菜优异性状聚合育种技术发文排名前十和排名前二十机构的发文量分别为154篇和203篇，占该领域发文总量的30.5%和40.2%。

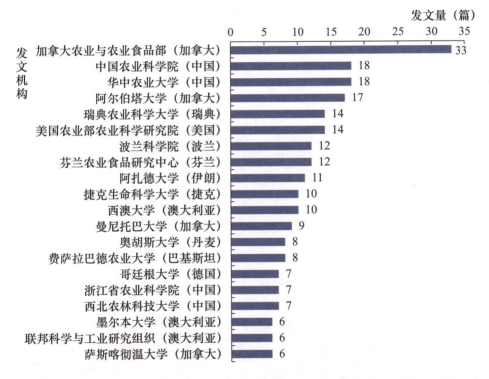

图6.11 全球油菜优异性状聚合育种技术发文排名前二十的机构

全球油菜优异性状聚合育种技术发文排名前十的机构年度发文趋势如图6.12所示。加拿大农业与农业食品部自1998年开始发文，

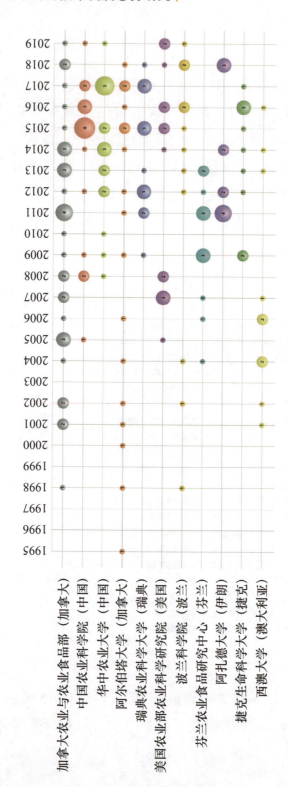

图 6.12 全球油菜优异性状聚合育种技术发文排名前十的机构年度发文趋势（单位：篇）

2011年发文量最高，2015—2019年发文量有所减少。中国农业科学院和华中农业大学在该领域起步较晚，但2015—2019年发文量较高，在该领域中处于比较活跃的状态。

全球油菜优异性状聚合育种技术发文排名前十的机构合作发文如图6.13所示。加拿大农业与农业食品部与其他单位合作最多，与排名前十其他机构合作发文9篇，包括与加拿大阿尔伯塔大学合作发文8篇，与华中农业大学合作发文1篇。而其他机构合作发文相对较少。

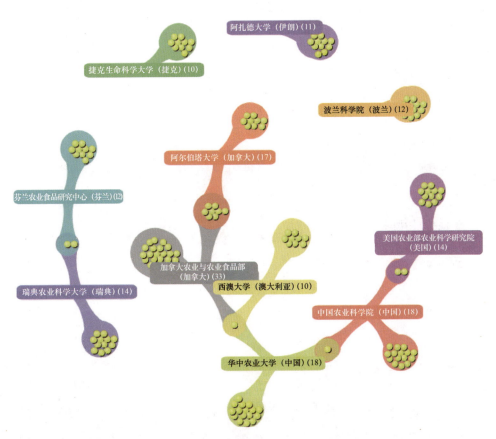

图6.13　全球油菜优异性状聚合育种技术发文排名前十的机构合作发文（单位：篇）

表 6.4 为全球油菜优异性状聚合育种技术各领域发文量第一机构，从表中可以看出各分支领域的主要研究机构分布。

表 6.4 全球油菜优异性状聚合育种技术各领域发文量第一机构

优势性状聚合育种	机构	发文量（篇）
高产&高附加值	瑞典农业科学大学（瑞典）	9
高产&高抗	加拿大农业与农业食品部（加拿大）	18
高产&高品质	中国农业科学院（中国）	3
	加拿大农业与农业食品部（加拿大）	3
	曼尼托巴大学（加拿大）	3
高产&高油	捷克生命科学大学（捷克）	9
高抗&高附加值	加拿大农业与农业食品部（加拿大）	2
高抗&高品质	阿尔伯塔大学（加拿大）	3
高品质&高附加值	瓦格宁根大学（荷兰）	2
	加拿大农业与农业食品部（加拿大）	2
	波兰科学院（波兰）	2
	瑞典农业科学大学（瑞典）	2
	芬兰农业食品研究中心（芬兰）	2
高油&高附加值	奥胡斯大学（丹麦）	2
	芬兰农业食品研究中心（芬兰）	2
高油&高抗	阿尔伯塔大学（加拿大）	4
高油&高品质	苏格兰农业学院（苏格兰）	3
	阿伯丁大学（苏格兰）	3
	哥廷根大学（德国）	3

6.2.5 高被引论文分析

将超过全球油菜优异性状聚合育种技术论文被引次数基线的论文定义为高被引论文。本次共检索到全球油菜优异性状聚合育种技术领域论文 505 篇，共被引用 10 818 次，平均被引次数为

10 818/505=21.42，故定义被引频次≥22 的论文为高被引论文，共 126 篇。全球油菜优异性状聚合育种技术高被引论文来源国家分布如图 6.14 所示，该领域高被引论文主要来自加拿大、美国、中国、德国、英国等，这些国家论文质量较高，处于全球较领先的位置。

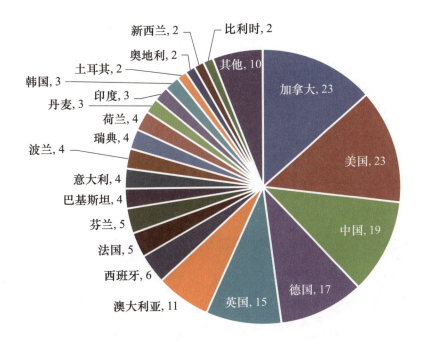

图 6.14　全球油菜优异性状聚合育种技术高被引论文来源国家分布（单位：篇）

表 6.5 为全球油菜优异性状聚合育种技术高被引论文排名前十的发文机构。加拿大农业与农业食品部的高被引论文数量排名第一，加拿大阿尔伯塔大学的高被引论文数量排名第二，中国农业科学院、华中农业大学、美国农业部农业科学研究院和澳大利亚西澳大学的高被引论文数量并列第三。

表 6.5　全球油菜优异性状聚合育种技术高被引论文排名前十的发文机构

序号	机构	发文量（篇）
1	加拿大农业与农业食品部（加拿大）	11
2	阿尔伯塔大学（加拿大）	6
3	中国农业科学院（中国）	5
4	华中农业大学（中国）	5
5	美国农业部农业科学研究院（美国）	5
6	西澳大学（澳大利亚）	5
7	加拿大国家研究理事会（加拿大）	4
8	南安普顿大学（英国）	4
9	田纳西大学（美国）	4
10	芬兰农业食品研究中心（芬兰）	4

6.2.6　研究热点分析

本次分析基于全球油菜优异性状聚合育种技术领域发表的505篇论文的全部关键词（作者关键词与Web of Science数据库提取的关键词），利用VOSviewer软件对该领域的主题进行挖掘，生成研究热点聚类图如图6.15所示，可见油菜优异性状聚合育种技术领域论文共有5个聚类：红色聚类由brassica napus、plants、seed yield、arabidopsis-thaliana、resistance等33个关键词组成；绿色聚类由fatty acids、dairy-cows、nitrogen、digestibility、performance等28个关键词组成；蓝色聚类由growth、fatty-acid-composition、protein、wheat、crop等21个关键词组成；黄色聚类由oil、quality、seed、soil、components等14个关键词组成；紫色聚类由yield、oil content、hybrid、winter oilseed rape、line等7个关键词组成。

第6章 油菜分子育种热点专题分析

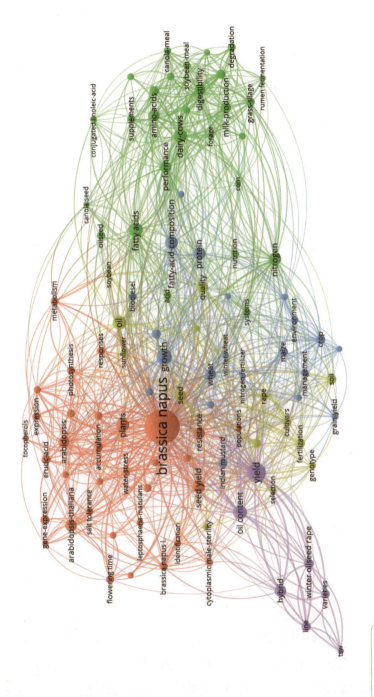

图 6.15 全球油菜优异异性状聚合育种技术领域研究热点聚类

6.3 油菜非转基因优异新种质创制及育种应用技术论文态势分析

6.3.1 研究背景

油菜作为世界范围内广泛种植的四大油料作物之一，在中国、加拿大、欧盟国家以及印度等都有着广泛的种植，同时作为世界食用植物油和植物蛋白的主要来源，油菜在农产品中也占有重要地位。为提高油菜的产量，各国都致力于油菜的育种工作，油菜育种特别是优质油菜育种引起了各国政府和科研工作者的高度重视。

中国油菜育种技术主要是以常规育种和杂交育种为主，现在已经发展到常规育种、杂交育种与生物技术育种相结合的阶段。由于传统的油菜育种方法必须经过广泛的杂交、回交，然后自交，其时间长，耗费大，还可能对所选择的性状产生负面影响，且连续自交会导致甘蓝型油菜后代发生退化。随着现代生物技术的迅速发展以及生物信息学的不断完善，通过生物技术及生物信息手段进行新型的分子水平育种、生物技术育种解决了传统油菜育种不能够解决的重大问题，因此生物技术在油菜育种上应用得越来越广泛，给油菜育种带来革命性的变化。目前，油菜非转基因优异新种质创制及育种应用技术主要包括分子标记辅助选择、原生质体分离及培养、诱变育种、远缘杂交、不育系和自交不亲和系亲本纯化与繁殖等技术。

本节以油菜非转基因优异新种质创制及育种应用技术为研究对象，分析相关论文产出趋势、来源国家和机构分布、高质量论文来源并挖掘领域研究热点，帮助相关科研人员和管理人员了解该技术的全球发展现状，掌握研究热点和方向，研判发展趋势。

本节采用科睿唯安 Science Citation Index Expanded (SCI-EXPANDED) 和 Conference Proceedings Citation Index- Science (CPCI-S) 数据库作为检索数据源,对全球 1995—2019 年的油菜优异性状聚合育种技术相关论文进行检索,采用 Derwent Data Analyzer、VOSviewer 等工具对数据进行清洗和分析。

截至 2019 年 8 月 22 日,在上述数据库中共检索到 1995—2019 年油菜优异性状聚合育种技术相关论文 1439 篇。考虑到数据库收录与论文发表的时间差,2018—2019 年的论文数量不能完全代表这两年的发文趋势。

6.3.2　论文产出分析

本节主要研究了非转基因优异新种质创制及育种应用技术的六个技术领域,具体包括分子标记辅助选择、原生质体分离及培养、诱变育种、远缘杂交、不育系、自交不亲和系亲本纯化与繁殖。图 6.16 为全球油菜非转基因优异新种质创制及育种应用技术各领域发文量。分子标记辅助选择技术领域发文量最高,且 2006—2018 年的年度发文量均保持在 50 篇以上,其中 2016 年发文量最高,为 90 篇。原生质体分离及培养技术领域发文量排名第二,诱变育种技术领域发文量排名第三。

图 6.17 为油菜非转基因优异新种质创制及育种应用技术各领域年度发文趋势。全球油菜非转基因优异新种质创制及育种应用技术发文量最高年份为 2016 年,发文量为 104 篇,其中包括分子标记辅助选择技术领域 90 篇、原生质体分离及培养技术领域 5 篇、诱变育种技术领域 4 篇、远缘杂交技术领域 4 篇、不育系技术领域 5 篇和自交不亲和系亲本纯化与繁殖技术领域 1 篇。

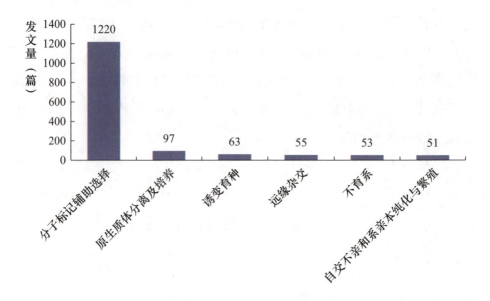

图 6.16 全球油菜非转基因优异新种质创制及育种应用技术各领域发文量

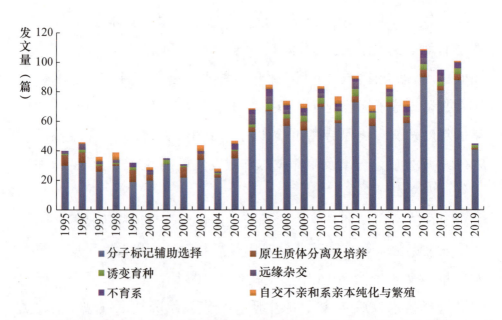

图 6.17 全球油菜非转基因优异新种质创制及育种应用技术各领域年度发文趋势

6.3.3 主要来源国家分布

图 6.18 为全球油菜非转基因优异新种质创制及育种应用技术主要来源国家分布，中国（450 篇）和加拿大（239 篇）在发文数量上占有绝对的优势，是该技术研究较为集中的国家。德国、美国和英国发文量排名均在前五位。

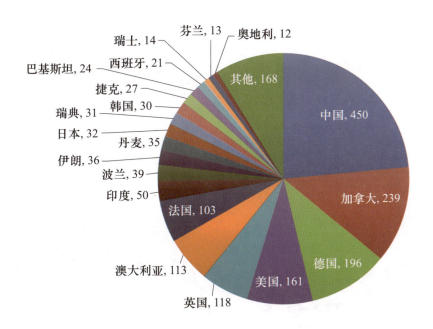

图 6.18　全球油菜非转基因优异新种质创制及育种应用技术主要来源国家分布（单位：篇）

表 6.6 为全球油菜非转基因优异新种质创制及育种应用技术各领域发文量排名前三的国家。从表中可以看出，中国在油菜分子标记辅助选择、原生质体分离及培养、诱变育种、远缘杂交和不育系技术研究领域处于领先地位。加拿大在油菜自交不亲和系亲本纯化与繁殖技术研究领域处于领先的地位。

表 6.6 全球油菜非转基因优异新种质创制及育种应用技术各领域发文量排名前三国家

非转基因优异新种质创制及育种技术领域	国家	发文量（篇）
分子标记辅助选择	中国	394
	加拿大	199
	德国	176
原生质体分离及培养	中国	33
	加拿大	16
	美国	12
诱变育种	中国	11
	美国	10
	德国	7
远缘杂交	中国	14
	德国	13
	加拿大	11
不育系	中国	37
	加拿大	4
	德国	4
自交不亲和系亲本纯化与繁殖	加拿大	15
	中国	8
	英国	6

6.3.4 主要发文机构分析

全球油菜非转基因优异新种质创制及育种应用技术发文排名前二十的机构如图 6.19 所示，TOP20 的机构来自中国、加拿大、法国、德国、英国、澳大利亚、瑞典和美国。发文量最多的机构是华中农业大学，其次为加拿大农业与农业食品部和中国农业科学院。全球油菜非转基因优异新种质创制及育种应用技术排名前十和排名前二十机构的发文量分别为 586 篇和 748 篇，占该领域发文总量的 40.7% 和 52.0%。

图 6.19　全球油菜非转基因优异新种质创制及育种应用技术
发文排名前二十的机构

全球油菜非转基因优异新种质创制及育种应用技术发文排名前十的机构年度发文趋势如图 6.20 所示。中国机构的发文起始时间较晚，但 2015—2019 年发文量较高。华中农业大学自 1998 年开始发文，2016 年发文量最高，为 19 篇；中国农业科学院第一篇论文始发于 1998 年，2016 年发文量最高，为 14 篇。

全球油菜非转基因优异新种质创制及育种应用技术发文排名前十的机构合作发文如图 6.21 所示。加拿大农业与农业食品部与其他单位的合作最多，与排名前十的其他机构合作发文 38 篇。其中包括与加拿大阿尔伯塔大学合作发文 18 篇，与英国约翰因尼思研究中心合作发文 6 篇，与西澳大利亚大学合作发文 4 篇等。华中农业大学与排名前十的其他机构的合作发文量排名第二，为 34 篇。其中包括与

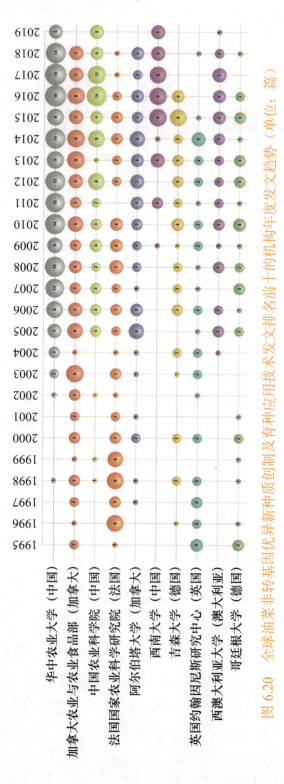

图6.20 全球油菜非转基因优异新种质创制及育种应用技术发文排名前十的机构年度发文趋势（单位：篇）

第 6 章 油菜分子育种热点专题分析

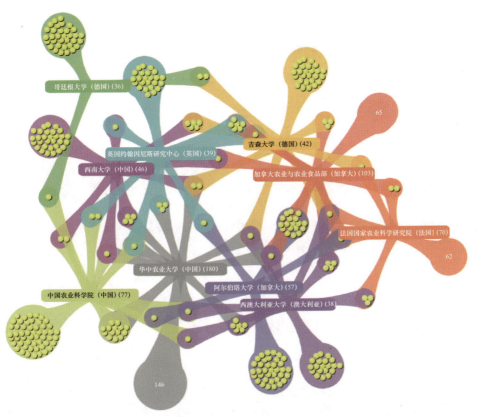

图 6.21 全球油菜非转基因优异新种质创制及育种应用技术发文
排名前十的机构合作发文（单位：篇）

中国农业科学院合作发文 14 篇，与西澳大利亚大学合作发文 6 篇，与西南大学合作发文 4 篇等。中国农业科学院与排名前十的其他机构的合作发文量排名第三，为 24 篇。其中包括与华中农业大学合作发文 14 篇，与西南大学合作发文 2 篇，与英国约翰因尼斯研究中心合作发文 2 篇等。

表 6.7 为全球油菜非转基因优异新种质创制及育种应用技术各领域排名前三的发文机构，可见华中农业大学在油菜分子标记辅助选择、诱变育种和不育系技术研究领域处于领先的地位。扬州大学在油菜原生质体分离及培养技术研究领域处于领先的地位。加拿大

阿尔伯塔大学在油菜远缘杂交技术研究领域处于领先的地位。加拿大农业与农业食品部在油菜自交不亲和系亲本纯化与繁殖技术研究领域处于领先的地位。

表 6.7　全球油菜非转基因优异新种质创制及育种应用技术各领域排名前三发文机构

非转基因优异新种质创制及育种技术类型	机构	发文量（篇）
分子标记辅助选择	华中农业大学（中国）	167
	加拿大农业与农业食品部（加拿大）	95
	中国农业科学院（中国）	66
原生质体分离及培养	扬州大学（中国）	10
	华中农业大学（中国）	6
	法国国家农业科学研究院（法国）	5
	阿尔伯塔大学（加拿大）	5
	瑞典农业大学（瑞典）	5
诱变育种	华中农业大学（中国）	6
	英国约翰因尼斯研究中心（英国）	3
	加拿大国家研究委员会（加拿大）	3
	英国洛桑研究所（英国）	3
	西班牙国家研究委员会（西班牙）	3
	基尔大学（德国）	3
远缘杂交	阿尔伯塔大学（加拿大）	6
	加拿大农业与农业食品部（加拿大）	6
	吉森大学（德国）	6
不育系	华中农业大学（中国）	15
	中国农业科学院（中国）	6
	西北农林科技大学（中国）	6
自交不亲和系亲本纯化与繁殖	加拿大农业与农业食品部（加拿大）	9
	华中农业大学（中国）	6
	中国农业科学院（中国）	3
	阿尔伯塔大学（加拿大）	3
	英国约翰因尼斯研究中心（英国）	3

6.3.5 高被引论文分析

将超过全球油菜非转基因优异新种质创制及育种应用技术论文被引次数基线的论文定义为高被引论文。全球油菜非转基因优异新种质创制及育种应用技术领域共发表论文 1439 篇，共被引用 34 023 次，平均被引次数为 34 023/1439=23.64，故定义被引频次 ≥ 24 的论文为高被引论文，共 423 篇。油菜非转基因优异新种质创制及育种应用技术高被引论文来源国家分布如图 6.22 所示，该领域高被引论文主要来自中国、加拿大、美国、德国、英国和法国，这些国家论文质量较高，处于全球较领先的地位。

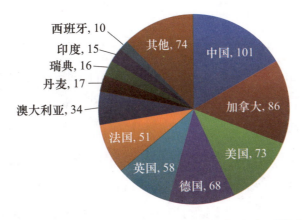

图 6.22 油菜非转基因优异新种质创制及育种应用技术高被引论文来源国家分布（单位：篇）

表 6.8 为全球油菜非转基因优异新种质创制及育种应用技术高被引论文排名前十的发文机构。华中农业大学的高被引论文数量排名第一，加拿大农业与农业食品部和法国国家农业科学研究院的高被引论文数量分别排名第二和第三。

表 6.8 全球油菜非转基因优异新种质创制及育种应用技术高被引论文排名前十的发文机构

序号	机构	发文量（篇）
1	华中农业大学（中国）	57
2	加拿大农业与农业食品部（加拿大）	38
3	法国国家农业科学研究院（法国）	36
4	英国约翰因尼斯研究中心（英国）	27
5	中国农业科学院（中国）	22
6	哥廷根大学（德国）	19
7	吉森大学（德国）	19
8	威斯康星大学（美国）	18
9	阿尔伯塔大学（加拿大）	17
10	西南大学（中国）	11

6.3.6 研究热点分析

本次分析基于全球油菜非转基因优异新种质创制及育种应用技术领域发表的 1439 篇论文的全部关键词（作者关键词与 Web of Science 数据库提取的关键词），利用 VOSviewer 软件对该领域的主题进行挖掘，生成研究热点聚类图如图 6.23 所示，可见油菜非转基因优异新种质创制及育种应用技术领域论文共有 5 个聚类：红色聚类由 brassica napus、markers、genetic diversity、linkage map 和 diversity 等 20 个关键词组成；绿色聚类由 arabidopsis-thaliana、rapeseed、plants、genome 和 gene 等 15 个关键词组成；蓝色聚类由 quantitative trait loci、flowering time、complex traits、selection 和 qtl 等 14 个关键词组成；黄色聚类由 populations、hybridization、dna、aflp 和 inheritance 等 11 个关键词组成；紫色聚类由 canola、identification、molecular markers、resistance 和 leptosphaeria-maculans 等 10 个关键词组成。

第 6 章 油菜分子育种热点专题分析

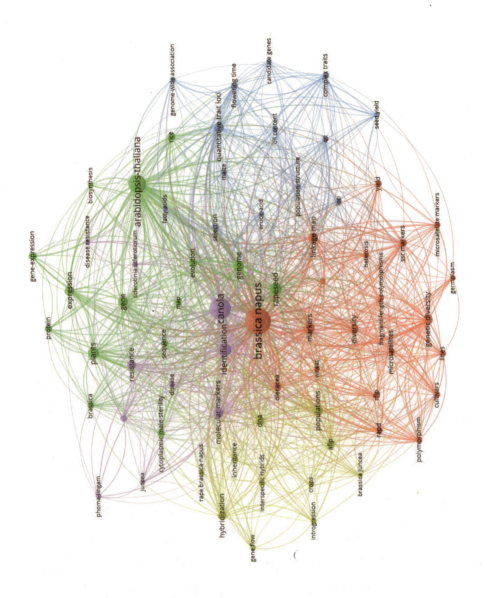

图 6.23 全球油菜非转基因优异新种质创制及育种应用技术领域研究热点聚类

6.4 油菜转基因育种论文态势及竞争力分析

6.4.1 研究背景

油菜是中国第一大油料作物，在中国，油菜的育种和改良工作一直受到重视。长期以来传统的常规育种技术在油菜品种选育改良方面取得了一定的成功，选育了很多具有代表性的新品种，但同时也存在如缺乏亲本材料、不亲和、选育年限过长等问题。转基因技术是油菜育种的辅助手段，广泛应用于杂种优势、提高油脂量、油菜品质改良、抗除草剂、抗病虫等方面[40]。目前，国外在油菜分子育种领域采用最多的就是转基因技术，且已大面积抢占了全球市场，由于种种限制，中国转基因研究及相关技术较欧美国家有所落后。

本节以油菜转基因育种技术为研究对象，分析相关 SCI 论文的产出趋势、来源国家和机构分布、高被引论文及研究热点，并重点从学术生产力、学术影响力、学术发展力和科技合作力四个维度，对主要发文国家进行竞争力对比分析，旨在帮助相关科研人员和管理人员了解该技术的全球发展现状，并从数据角度发现中国与其他国家在油菜转基因育种领域的差距，针对落后的技术加强相关研究，提升中国的科研实力。

本节采用科睿唯安 Science Citation Index Expanded（SCI-EXPANDED）和 Conference Proceedings Citation Index- Science（CPCI-S）数据库作为检索数据源，对全球 1995—2019 年的油菜转基因技术相关论文进行检索，采用 Derwent Data Analyzer、VOSviewer 等工具对数据进行清洗和分析。

截至 2019 年 10 月 24 日，在上述数据库中共检索到 1995—2019 年油菜转基因育种技术相关论文 2300 篇。考虑到数据库收录与论文发表的时间差，2018—2019 年的论文数量不能完全代表这两年的发文趋势。

6.4.2 论文产出分析

截至 2019 年 10 月 24 日,全球油菜转基因育种领域 1995—2019 年的总发文量为 2300 篇。本专题研究的油菜转基因育种涵盖了三大类、若干小类,具体如下。

(1) 转基因技术:RNAi、农杆菌介导法、基因枪法、花粉管通道法、抗除草剂、抗草甘膦、抗草铵膦。

(2) 基因编辑:CRISPR、TALEN、ZFN。

(3) 载体构建:组成型表达、诱导表达、组织器官特异表达、种子特异表达。

图 6.24 为全球油菜转基因育种领域发文趋势,1995—2016 年论文数量整体呈上涨趋势,2006—2008 年的年度发文数量在 120 篇以上,自 2009 年起论文数量呈下降趋势,2013 年年度发文数量低至 78 篇,之后继续呈现上涨趋势,2016 年的年度发文量最高(127 篇)。

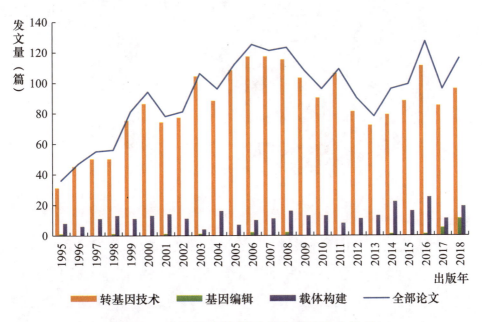

图 6.24　全球油菜转基因育种领域发文趋势

转基因技术相关论文的发文趋势与全部论文趋势整体一致,基因编辑相关论文数量在 2017 年和 2018 年有了大幅增长,载体构建相关论文数量近五年较之前有了小幅增长。

6.4.3 主要发文国家及合作情况

图 6.25 为全球油菜转基因育种论文主要来源国家分布。整体来看发表油菜转基因育种相关论文的国家较为分散,加拿大、美国和中国在发文数量上拥有一定的优势,是该技术研究较为集中的国家。英国、德国和法国发文量也较多。

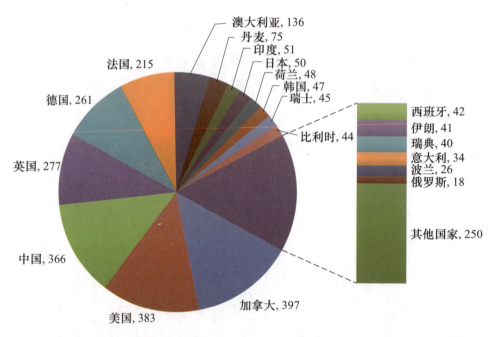

图 6.25　全球油菜转基因育种论文主要来源国家分布(单位:篇)

全球油菜转基因育种领域排名前十发文国家合作发文如图 6.26 所示,可以看出,美国和其他四个国家都有一定数量的合作发文,中国和美国的合作论文数量最多(48 篇),加拿大和美国的合作论文数量次之(33 篇)。此外,中国和加拿大的合作论文数量也较多

（15 篇），同时还可以发现，有一些文章为三个国家合作发表，如中国、美国、英国合作发表论文 3 篇，中国、美国、加拿大合作发表论文 2 篇。整体看来，中国在本领域的科技合作能力较为可观，学术交流成果在合作发文的角度有所凸显。

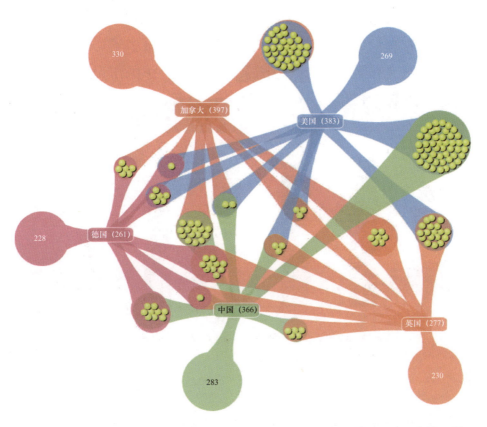

图 6.26　全球油菜转基因育种领域发文排名前五国家合作发文（单位：篇）

6.4.4　排名前五发文国家竞争力分析

本节将从各国在本领域的发文数量、发文趋势、优势领域来对比其学术生产力，从各国发表论文的被引情况对比其学术影响力，从各国论文发表期刊的影响因子分布对比其发文质量和学术发展力，从各国合作发文的数量、趋势和合作论文贡献度来对比起科技合作力。定义核心作者论文为署名为第一作者或通信作者的论文。

1. 学术生产力

截至 2019 年 10 月 24 日，检索到的 1995—2019 年油菜转基因育种领域发文排名前五的国家论文量及分布如图 6.27 所示。从 SCI 发文总量上看，排名前三位的分别是加拿大、美国和中国，从 SCI 核心作者发文量上看，加拿大和中国的论文数量多于美国，说明美国的相关论文有很多是与其他国家合作发表，中国作为第一作者或通信作者发表的 SCI 论文数量比美国多 62 篇。

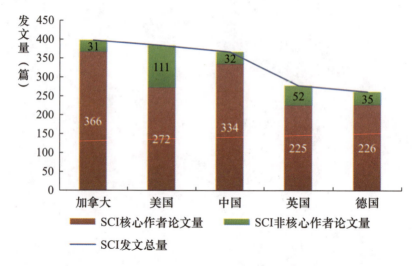

图 6.27　油菜转基因育种领域发文排名前五的国家 SCI 论文量及分布

分析各国的发文趋势可以看出他们在本领域研究的发展情况和热度变化，油菜转基因育种领域发文排名前五的国家发文趋势如图 6.28 所示，加拿大发文总量最高，但发文量最多的时间段是 2005—2007 年，2015—2019 年的发文量有所下降，年度发文量在 20 篇以下。相比之下，中国自 2015 年起发文数量大幅增长，2016 年达到了发文高峰（44 篇），2015—2019 年的发文数量远超其他国家，可见中国多个机构逐渐增加了该领域的研究并且研究成果突出。

第 6 章 油菜分子育种热点专题分析

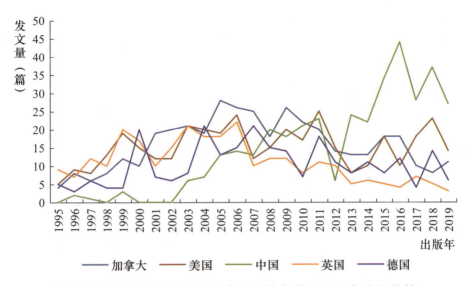

图 6.28 油菜转基因育种领域发文排名前五的国家发文趋势

从各个国家在不同技术领域的发文数量对比可看出各国的技术优势，由图 6.29 可见，油菜转基因育种领域发文量排名前三的国家仍然是加拿大、美国和中国，在载体构建和基因编辑领域，中国的发文量都最多，加拿大目前还没有基因编辑相关的论文发表。

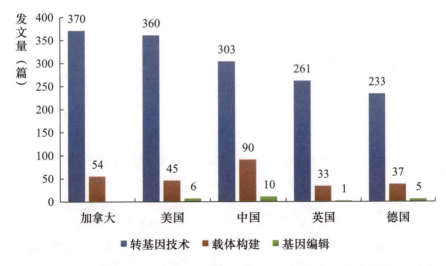

图 6.29 油菜转基因育种领域发文排名前五的国家技术优势对比

2. 学术影响力

表6.9列出了油菜转基因育种领域发文排名前五的国家SCI论文被引情况分布，具体包括总被引频次、他引频次、被引论文和未被引论文量以及篇均被引，被引频次统计截止日期为2019年10月24日。可以看出，各国的他引频次相对都较高，其中，美国的篇均被引最高，英国和加拿大次之，中国的篇均被引最低，仅14.08，这可能与中国的大量论文集中在近三年发表有关，尚未被同行多次引用。

表6.9 油菜转基因育种领域发文排名前五的国家SCI论文被引情况分布

国家	SCI发文总量（篇）	总被引频次	他引频次	被引论文量（篇）	未被引论文量（篇）	未被引论文占比	篇均被引
加拿大	397	12 603	11 755	361	36	9.07%	31.75
美国	383	17 954	17 278	359	24	6.27%	46.88
中国	366	5 153	4 767	316	50	13.67%	14.08
英国	277	9 319	8 736	251	26	9.39%	33.64
德国	261	6 403	6 193	218	43	16.48%	24.53

从未被引论文占比看，美国的未被引论文占比最低，加拿大和英国次之，说明这些国家发表的论文质量可能相对较高，多篇文章被引用。

油菜转基因育种领域发文排名前五的国家被引频次分布如图6.30和表6.10所示，从中可以看出各个被引频次区间的论文数量分布情况，图中被引次数简称为TC（Time Cited）。本次分析将高被引论文定义为超过检索集合中全部论文平均被引基线的论文。经统计，本次检索到的油菜转基因育种2300篇SCI论文在Web of Science核心合集中的总被引频次为63 303次，篇均被引27.5次，故定义这2300篇论文中，被引频次≥28次的论文为高被引论文。排名前五的发文国家的高被引论文数量如图6.10所示。

第6章 油菜分子育种热点专题分析

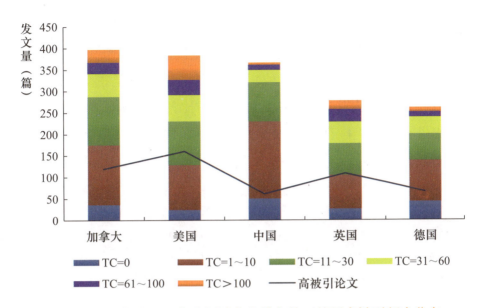

图 6.30 油菜转基因育种领域发文排名前五的国家被引频次分布

表 6.10 油菜转基因育种领域发文排名前五的国家被引频次分布数据（单位：篇）

国家	TC=0	TC=1～10	TC=11～30	TC=31～60	TC=61～100	TC>100	高被引论文>27	高被引论文占比
加拿大	36	139	112	54	26	30	119	29.97%
美国	24	104	102	61	35	57	160	41.78%
中国	50	179	91	29	12	5	61	16.67%
英国	26	78	74	50	29	20	108	38.99%
德国	43	95	62	39	12	10	66	25.29%

在油菜转基因育种领域发文排名前五的国家中，中国在 TC=0 和 TC=1～10 两个被引频次区间的论文数量都是最多的，说明中国的低被引论文占比高，中国被引频次小于或等于 10 次的论文共 229 篇，占中国全部论文数量的 62.57%，此外在排名前五的国家中，中国的高被引论文数量最少（61 篇）。美国的高被引论文数量最多（160 篇），美国在 TC>100 和 TC=61～100 两个被引频次区间的论文数量都是最多的，说明美国的高被引论文占比高。加拿大的高被

引论文数量仅次于美国,高被引论文占比低于美国和英国。

3. 学术发展力

表6.11为油菜转基因育种领域发文排名前五的国家期刊影响因子分布,旨在从发文期刊质量的角度对比各国的学术发展情况。纵向对比可看出,美国在影响因子大于4的各区间发文量均排名第一,可推测出美国在高影响因子期刊的发文量大大领先于其他国家。

表6.11 油菜转基因育种领域发文排名前五的国家期刊影响因子分布(单位:篇)

国家	IF=0~2	IF=2~4	IF=4~6	IF=6~8	IF>8
加拿大	159	126	30	16	4
美国	74	135	52	31	25
中国	80	141	27	17	8
英国	57	66	48	16	13
德国	57	84	23	17	4

4. 科技合作力

分析各国的论文合作发表情况可以推测其科技合作力,油菜转基因育种领域发文排名前五的国家SCI合作论文分布如表6.12和图6.31所示。按合作论文占比由高到低排序,分别是美国、英国、中国、德国和加拿大。

表6.12 油菜转基因育种领域发文排名前五的国家SCI合作论文分布

国家	SCI论文总量(篇)	SCI论文合作数量(篇)	SCI合作论文占比	核心作者SCI论文(篇)	核心作者SCI合作论文(篇)	非核心作者SCI合作论文(篇)
加拿大	397	102	25.69%	366	71	31
美国	383	167	43.60%	272	56	111
中国	366	113	30.87%	334	81	32
英国	277	101	36.46%	225	49	52
德国	261	73	27.97%	226	38	35

从图6.31可以看出,中国的核心作者SCI合作论文数量最多(81篇),加拿大次之(71篇)。美国的非核心作者SCI合作论文数

量最多（111篇），英国次之（52篇）。

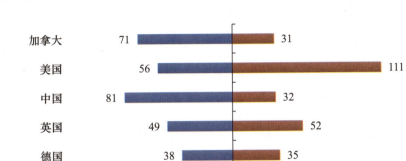

图 6.31　油菜转基因育种领域发文排名前五的国家 SCI 合作论文分布

油菜转基因育种领域发文排名前五的国家合作发文趋势如图 6.32 所示，可以看出 2010 年左右美国的合作发文数量远高于其他国家，2014—2019 年，中国和美国的合作发文趋势大体一致，都在 2015 年和 2018 年出现了合作高峰，推测这两年可能是中国和美国合作发文的主要年份。

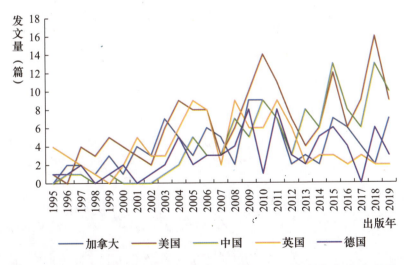

图 6.32　油菜转基因育种领域发文排名前五的国家合作发文趋势

本次分析从合作论文的被引频次占比和高被引论文占比分析合作论文的贡献度，如表 6.13 所示。按合作论文被引占比和合作论文高被引贡献度由高到低排序，均是英国、德国、美国、中国和加拿大。可以看出，中国和加拿大的高被引论文都主要来自独立发文，其他三个国家来自国家合作的高被引论文占比更高。

表 6.13 油菜转基因育种领域发文排名前五的国家合作论文贡献度

国家	总被引频次	合作论文被引频次	合作论文被引占比	高被引论文数量（篇）	合作高被引论文数量（篇）	合作论文高被引贡献度
加拿大	12 603	3484	27.64%	119	36	30.25%
美国	17 954	6479	36.09%	160	60	37.50%
中国	5153	1618	31.40%	61	19	31.15%
英国	9319	3679	39.48%	108	43	39.81%
德国	6403	2496	38.98%	66	25	37.88%

6.4.5 主要发文机构分析

全球油菜转基因育种领域发文排名前十的机构如图 6.33 所示，排名前十的机构来自加拿大、法国、中国、英国和美国，且加拿大的机构数量最多，中国次之。发文量最多的机构是加拿大农业与农业食品部（168 篇），其次为法国国家农业科学研究院（144 篇），加拿大阿尔伯塔大学发文量排名第三（78 篇），中国农业科学院发文量共 72 篇，排名第四。

1995—2019 年全球油菜转基因育种发文排名前十的机构共发表论文 607 篇，占全部发文量（2 300 篇）的 26.39%，说明本领域的研究机构较为分散，主要技术并未掌握在排名前十的机构中。

1995—2019 年，油菜转基因育种领域发文排名前十的机构发文趋势如图 6.34 所示，中国机构的发文起始时间相对较晚，但发展迅速。2015—2019 年的年度发文量最高的机构是中国农业科学院，2016 年发文量为 12 篇，其中 7 篇来自油料作物研究所，3 篇来自生物技术研究所。加拿大农业与农业食品部和华中农业大学 2015—2019 年的发文量也都较高，法国国家农业科学研究院的发文高峰出现在 2008 年，2015—2019 发文量有所减少。

图 6.33　全球油菜转基因育种领域发文排名前十的机构

全球油菜转基因育种领域发文排名前十的机构合作发文如图 6.35 所示。加拿大的四个研究机构合作发文较为密切，加拿大农业与农业食品部与阿尔伯塔大学合作发文最多，共 40 篇，与萨斯喀彻温大学合作发文量次之（13 篇）。中国农业科学院国内外多家机构均有合作，包括华中农业大学、中国科学院、萨斯喀彻温大学、阿尔伯塔大学、田纳西大学和洛桑研究所，其中与华中农业大学的合作发文量最多（7 篇）。中国科学院与美国田纳西大学合作发文最多（9 篇）。

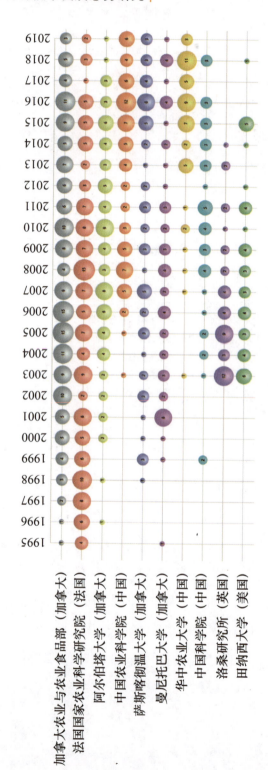

图6.34 油菜转基因育种领域发文排名前十的机构发文趋势（单位：篇）

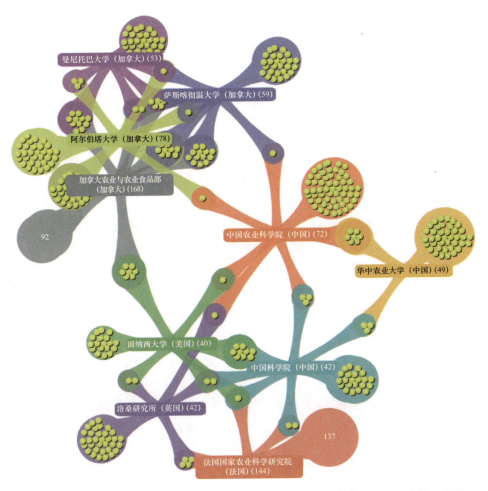

图6.35 油菜转基因育种领域发文排名前十的机构合作发文（单位：篇）

6.4.6 高被引论文分析

将超过全球油菜转基因育种论文被引次数基线的论文定义为高被引论文。全球油菜转基因育种领域共发表论文2 300篇，共被引用63 303次，平均被引次数为63 303/2 300=27.52，故定义被引频次≥28的论文为高被引论文，共641篇。

表6.14为全球油菜转基因育种高被引论文排名前十的机构，法国国家农业科学研究院的高被引论文数量最多（57篇），加拿大农

业与农业食品部次之（39篇），英国洛桑研究所排名第三（26篇），高被引论文排名前十的机构中没有出现中国的机构。

表 6.14　全球油菜转基因育种高被引论文排名前十的机构

序号	机构	高被引论文量（篇）
1	法国国家农业科学研究院（法国）	57
2	加拿大农业与农业食品部（加拿大）	39
3	洛桑研究所（英国）	26
4	阿尔伯塔大学（加拿大）	17
5	滑铁卢大学（加拿大）	16
6	田纳西大学（美国）	16
7	加拿大国家研究委员会（加拿大）	15
8	苏格兰作物研究所（英国）	15
9	巴黎第十一大学（法国）	14
10	RISO国家实验室（丹麦）	13

6.4.7　研究热点分析

本次分析基于检索到的 1995—2019 年全球油菜转基因育种领域 2 300 篇论文的全部关键词（包括作者关键词与 Web of Science 数据库提取的关键词），利用 VOSviewer 软件对该领域的主题进行挖掘，生成研究热点聚类图如图 6.36 所示，可见油菜转基因育种领域论文共有 3 个聚类：红色聚类包括 oilseed rape、gene flow、hybridization、herbicide resistance、crops、rape brassica-napus、populations、risk assessment、transgene、genetically-modified crops、transgenic oilseed rape、introgression、field、transgenic crops、fitness、interspecific hybridization、persistence、pollen dispersal、canola brassica-napus、pollen、evolution、wild relatives、model、dispersal、cropping system 共 25 个词；绿色聚类包括 brassica napus、plants、expression、arabidopsis-thaliana、gene、transgenic plants、

第 6 章 油菜分子育种热点专题分析

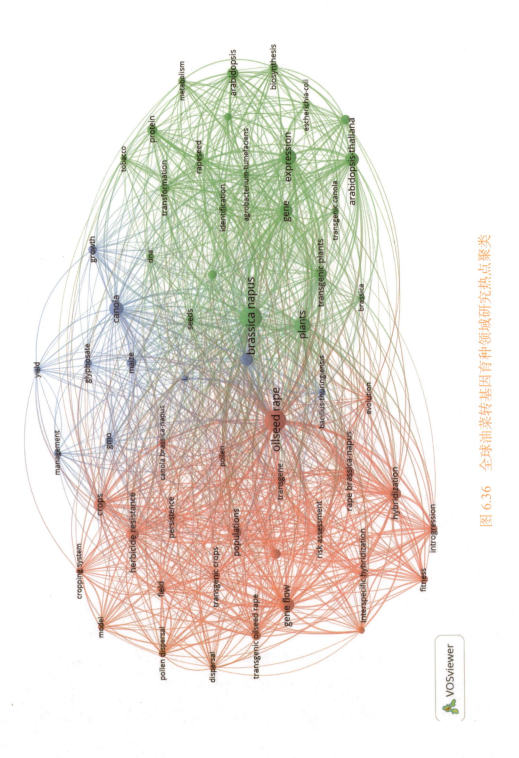

图 6.36　全球油菜转基因育种领域研究热点聚类

arabidopsis、protein、transformation、gene-expression、rapeseed、seeds、identification、biosynthesis、brassica-napus genome、dna、accumulation、metabolism、transgenic canola、brassica、escherichia-coli、tobacco、agrobacterium-tumefaciens 共 23 个词；蓝色聚类包括 canola、resistance、maize、growth、gmo、glyphosate、yield、management、bacillus-thuringiensis 共 9 个词。

6.5 油菜基因组学研究和基因组设计育种论文态势分析

6.5.1 研究背景

基因组学的研究还在兴起，正在形成配套理论，基于理论研究的实践也紧随其后，但进展缓慢。农作物基因组学研究的发展，对于有效利用现代分子生物学手段进行物种的遗传改良发挥了重要作用。随着测序技术的发展，已经实现了对重要农作物，如水稻、小麦、玉米、大豆、油菜、棉花、蔬菜等作物基因组的测序或重测序，在此基础上完成对控制重要农艺性状基因的克隆和鉴定。

油菜是中国最主要的油料作物之一，肩负着国内植物油供给的重任，努力提高中国油菜育种水平是促进油菜产业发展，保障中国食用油供给安全的有效途径。基因组学研究和基因组设计育种技术的开发与利用为快速高效油菜育种带来了生机。在油菜及其基本种的基因组测序、SNP 分子标记的开发等方面，国内外油菜科技工作者正在致力于新型基因组学育种技术的开发和应用，如基因编辑育种等。Liu 等[41]研究发现油菜 A9 染色体上 ARF18 基因（一种调控生长素反应基因表达的转录因子）的变异可调控粒重，且不改变角粒数，从而对产量产生粒重变异 15% 的影响。这一发现为油菜高产品种的分子设计和培育奠定了基础。基因编辑育种对加速作物尤其是多倍体作物的育种有积极的推动作用，德国基尔大学的 Christian Jung 教授[18]与其合作者利用基因组编辑技术同时对 ALC 的 2 个复制进行编辑，获得了遗传稳定的抗裂荚突变体。中国农业科学院油料作物研究所油料作物分子改良理论与技术创新团队[31]利用 CRISPR/Cas9 基因编辑系统敲除油菜 BnaMAX1s 基因，创制出新的优异株型种质，为油菜高产新品种培育提供了优异种质资源，油菜单株产量因此有望再提高约 30%。华中农业大学的刘克德团队及其合作者[34]油菜中利用 12 个基因检测了 CRSPR/Cas9 介导的基因组编辑效率，其在 T0 代中的平均编辑效率为 65.3%。这些研究为基因组学研究在油菜育种中的应用提供了指导。

基因组学为培育高抗低耗的作物新品种奠定了基础，将推动新型生物育种技术和可持续农业的高速发展，推动农业发展新旧动能转换。值此机遇，中国油菜研究领域正致力于新型生物技术在油菜育种领域中的应用，期待在未来 10 年通过基因组学研究在油菜育种、栽培、机采实现新的突破。

本节采用科睿唯安 Science Citation Index Expanded（SCI-EXPANDED）和 Conference Proceedings Citation Index- Science（CPCI-S）数据库作为检索数据源，对 1995—2019 年全球的油菜基因组学研究相关论文进行检索，采用 Derwent Data Analyzer、VOSviewer 等工具对数据进行清洗和分析。

截至 2019 年 12 月 11 日，在上述数据库中共检索到 1995—2019 年油菜基因组学研究相关论文 1413 篇，利用基因组学进行设计育种的论文共 22 篇。考虑到数据库收录与论文发表的时间差，2018—2019 年的论文数量不能完全代表这两年的发文趋势。

6.5.2 论文产出分析

图 6.37 为全球和中国油菜基因组学研究领域发文趋势，1995—2005 年论文数量在小范围内波动，增长较慢，年度发文量在 30 篇上下。2006 年起发文量有所增长，至 2018 年发文量达到峰值（125 篇）。2016 年至今油菜基因组学 SCI 论文的年度发文量均在 100 篇以上，可见 2016—2019 年关于油菜基因组学的研究热度较高，产出了更多的研究成果，为油菜的基因组设计育种奠定了基础。

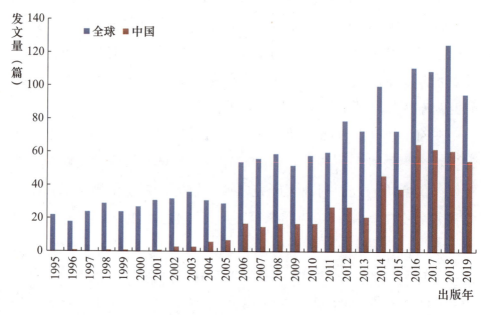

图 6.37　全球和中国油菜基因组学研究领域发文趋势

中国在油菜基因组学领域的研究始于 2002 年，同样在 2016 年至今发文量有了较大提升，年度发文量在 60 篇以上，可见 2016—2019 年中国在油菜基因组学研究领域的科研实力有所增强。

6.5.3　主要发文国家及合作情况

图 6.38 为全球油菜基因组学研究领域主要来源国家分布。整体

第 6 章 油菜分子育种热点专题分析

来看发表油菜基因组学研究相关论文的国家较为分散，中国、加拿大和德国在发文数量上拥有一定的优势，是该技术研究较为集中的国家，美国、法国和英国发文量也较多。

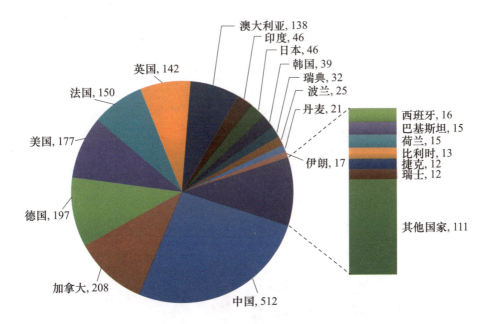

图 6.38　全球油菜基因组学研究领域主要来源国家分布（单位：篇）

图 6.39 为全球油菜基因组学研究领域发文排名前五的国家发文趋势，可以看出 2014 年至今，中国在该领域的发展极为迅速，发文量远高于其他国家，2016 年达到单年发文量的峰值（65 篇），而其他 4 个国家每年的发文量均在 30 篇以下。

全球油菜基因组学研究领域发文排名前五的国家合作发文如图 6.40 所示，可见排名前五的国家论文合作关系十分紧密，且中国与其他 4 国的合作发文数量最多：中国和德国合作论文 42 篇，中国和美国合作论文 32 篇，中国和加拿大合作论文 22 篇。此外，加拿大和美国的合作也较为紧密，共合作发文 27 篇。还有一些文章为三国、四国甚至五国共同合作发表，如中国、美国、加拿大合作发表论文 2

篇，五国合作发表论文1篇。整体看来，中国在油菜基因组学研究领域的科技合作表现可观，学术交流成果在合作发文的角度有所凸显。

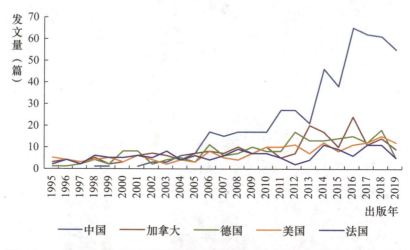

图 6.39　全球油菜基因组学研究领域发文排名前五的国家发文趋势

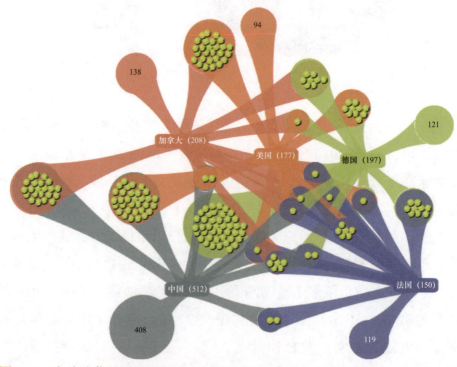

图 6.40　全球油菜基因组学研究领域发文排名前五的国家合作发文（单位：篇）

6.5.4 主要发文机构分析

全球油菜基因组学研究领域发文排名前十的机构如图 6.41 所示，排名前十的机构来自中国、法国、加拿大、德国、澳大利亚和英国，且中国和澳大利亚的机构数量最多，加拿大次之。发文量最多的机构是中国的华中农业大学（187 篇），其次为中国农业科学院（103 篇），法国国家农业科学研究院发文量排名第三（98 篇），加拿大农业与农业食品部发文量排名第四（84 篇）。

图 6.41　全球油菜基因组学研究领域发文排名前十的机构

1995—2019 年，全球油菜基因组学研究领域发文排名前十的机构发文趋势如图 6.42 所示，可以看出华中农业大学自 2002 年开始在该领域稳步提升，发文量远高于其他机构，2016 年达到单年发文量的峰值（24 篇）。中国农业科学院在该领域发文量排名第二，发文起始年份为 1998 年，2016 年达到单年发文量的峰值（20 篇）。法国国家农业科学院发文较早，自最早统计年份（1995 年）即有发文，2014 年达到单年发文量的峰值（10 篇）。

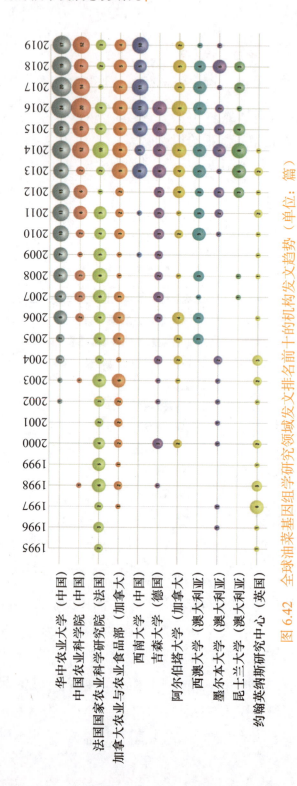

图 6.42 全球油菜基因组学研究领域发文排名前十的机构发文趋势（单位：篇）

第 6 章　油菜分子育种热点专题分析

全球油菜基因组学研究领域发文排名前十的机构合作发文如图 6.43 所示，可见排名前十的国家论文合作关系十分紧密，其中，华中农业大学与其他单位的合作最多，与排名前十的其他机构合作发文 37 篇，包括与中国农业科学院合作发文 13 篇，与西澳大学合作发文 5 篇，与西南合作发文 4 篇等。加拿大农业与农业食品部与排名前十的其他机构的合作发文量排名第二，为 34 篇，包括与阿尔伯塔大学合作发文 14 篇，与约翰英纳斯研究中心合作发文 4 篇，与吉森大学合作发文 3 篇等。西澳大学与排名前十的其他机构的合作发文量排名第三，为 27 篇，包括与华中农业大学合作发 5 篇，与墨尔本大学合作发文 5 篇，与昆士兰大学合作发文 4 篇等。

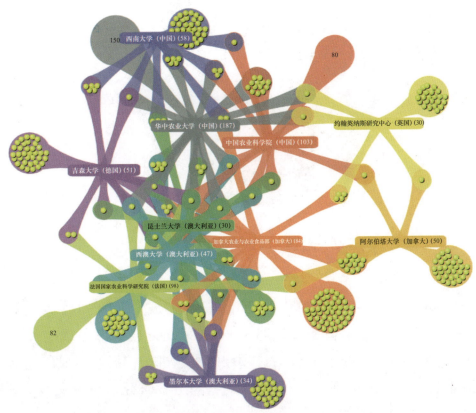

图 6.43　全球油菜基因组学研究领域发文排名前十的机构合作发文（单位：篇）

6.5.5　高被引论文分析

本次分析的高被引论文将超过全球油菜基因组学研究 SCI 论文被引次数基线的论文定义为高被引论文。全球油菜基因组学研究 SCI 论文共 1413 篇，共被引用 38 643 次，平均被引次数为 38 643/1413=27.34，故定义被引频次 ≥ 28 的论文为高被引论文，共 404 篇。全球油菜基因组学研究领域高被引论文来源国家如图 6.44 所示，该领域高被引论文主要来自中国、德国、美国、英国、法国和加拿大，这些国家论文质量较高，处于全球较领先的地位。

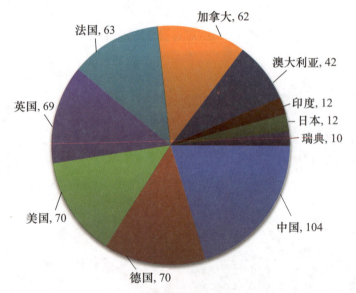

图 6.44　全球油菜基因组学研究领域高被引论文来源国家（单位：篇）

6.5.6　研究热点分析

本次分析基于全球油菜基因组学研究领域发表的 1413 篇论文的全部关键词（作者关键词与 Web of Science 数据库提取的关键词），利用 VOSviewer 软件对该领域的主题进行挖掘，生成研究热点聚类图如图 6.45 所示，可见油菜基因组学研究领域论文共有 5 个聚类：红色聚类由 genome、identification、rapeseed、resistance

和 linkage map 等 26 个关键词组成；绿色聚类由 brassica napus l.、arabidopsis-thaliana、expression、plants 和 gene 等 14 个关键词组成；蓝色聚类由 quantitative trait loci、flowering time、genome-wide association、qtl 和 complex traits 等 13 个关键词组成；黄色聚类由 evolution、brassica、sequence、dna 和 maize 等 8 个关键词组成；紫色聚类由 oilseed rape、canola、leptosphaeria-maculans、sclerotinia sclerotiorum 和 comparative genomics 等 7 个关键词组成。

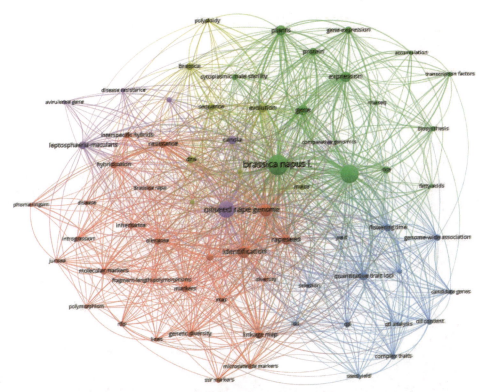

图 6.45　全球油菜基因组学研究领域研究热点聚类

6.5.7　基因组选择育种论文列表

本次检索到的全球基因组选择育种领域 SCI 论文列表 22 篇，如表 6.15 所示，表中被引频次更新于 2020 年 1 月 3 日。目前，油

表 6.15 全球基因组选择育种领域 SCI 论文列表

标题	发文机构	发文国家	出版年	WOS核心合集被引次数
Use of F2 Bulks in Training Sets for Genomic Prediction of Combining Ability and Hybrid Performance	DuPont Pioneer	加拿大	2019	0
Speed breeding is a powerful tool to accelerate crop research and breeding	Earlham Inst, England; Elizabeth Macarthur Agr Inst, Australia; Hermitage Res Facil, Australia; John Innes Ctr, England; Univ Putra Malaysia, Malaysia; Univ Queensland, Australia; Univ Sydney, Australia; Univ Western Australia, Australia; Wagga Wagga Agr Inst, Australia	澳大利亚、英国、马来西亚	2018	97
Effective Genomic Selection in a Narrow-Genepool Crop with Low-Density Markers: Asian Rapeseed as an Example	湖南农业大学, 中国; John Innes Ctr, England; Justus Liebig Univ, Germany; 西南大学, 中国	中国、德国、英国	2018	7
Genome-wide regression models considering general and specific combining ability predict hybrid performance in oilseed rape with similar accuracy regardless of trait architecture	湖南农业大学, 中国; Justus Liebig Univ, Germany; NPZ Innovat GmbH, Germany	中国、德国	2018	7
Integrated physiologic, genomic and transcriptomic strategies involving the adaptation of allotetraploid rapeseed to nitrogen limitation	湖南农业大学, 国家油料作物改良中心湖南分中心	中国	2018	3
Stable Quantitative Resistance Loci to Blackleg Disease in Canola (*Brassica napus L.*) Over Continents	Agr Victoria, Australia; Marcroft Grains Pathol, Australia; Univ Melbourne, Australia; Univ Rennes, France; Univ Wollongong, Australia; Wagga Wagga Agr Inst, Australia	法国、澳大利亚	2018	2

第6章 油菜分子育种热点专题分析

（续表）

标题	发文机构	发文国家	出版年	WOS核心合集被引次数
Incorporating pleiotropic quantitative trait loci in dissection of complex traits: seed yield in rapeseed as an example	Justus Liebig Univ, Germany; Univ Hertfordshire, England; 华中农业大学, 中国	中国, 德国, 英国	2017	17
Identifying nitrogen-use efficient soft red winter wheat lines in high and low nitrogen environments	MillerCoors, USA; Univ Kentucky, USA	美国	2017	10
Hybrid Performance of an Immortalized F-2 Rapeseed Population Is Driven by Additive, Dominance, and Epistatic Effects	华中农业大学, 中国 ; Leibniz Inst Plant Genet & Crop Plant Res IPK, Germany	中国, 德国	2017	4
Genome-wide association analyses reveal complex genetic architecture underlying natural variation for flowering time in canola	CSIRO Div Plant Ind, Australia; Monash Univ, Australia; Univ Canberra, Australia; Wagga Wagga Agr Inst, Australia; 华中农业大学, 中国	中国, 澳大利亚	2016	33
Nitrogen use efficiency in rapeseed. A review	AGROCAMPUS OUEST, France; Univ Giessen, Germany; INRA, France	德国, 法国	2016	27
Genomic Prediction of Testcross Performance in Canola (*Brassica napus*)	Norddeutsch Pflanzenzucht Hans Georg Lembke KG, Germany; NPZ Innovat GmbH, Germany; Queen Mary Univ London, England; Univ Giessen, Germany	德国, 英国	2016	26
Species-wide genome sequence and nucleotide polymorphisms from the model allopolyploid plant *Brassica napus*	Bayer Crop Sci AG, Germany; Deutsch Saatveredelung AG, Germany; German Seed Alliance GmbH, Germany; Justus Liebig Univ, Germany; KWS Saat AG, Germany; Leibniz Inst Plant Genet & Crop Plant Res IPK Gat, Germany; Limagrain GmbH, Germany; NPZ Innovat GmbH, Germany; Syngenta France SAS, France	德国, 法国	2015	29

(续表)

标题	发文机构	发文国家	出版年	WOS核心合集被引次数
Genome-Wide Analysis of Seed Acid Detergent Lignin (ADL) and Hull Content in Rapeseed (*Brassica napus L.*)	华中科技大学, 中国; 西南大学, 中国	中国	2015	6
Sub-genomic selection patterns as a signature of breeding in the allopolyploid Brassica napus genome	西南大学, 中国; Univ Giessen, Germany	中国, 德国	2014	58
Potential of genomic selection in rapeseed (*Brassica napus L.*) breeding	Leibniz Inst Plant Genet & Crop Plant Res IPK, Germany; Limagrain GmbH, Germany; Univ Hohenheim, Germany	德国	2014	29
Genomic DNA Enrichment Using Sequence Capture Microarrays: a Novel Approach to Discover Sequence Nucleotide Polymorphisms (SNP) in *Brassica napus L*	Agriaquaculture Nutr Genom Ctr CGNA, USA; Roche NimbleGen Inc, USA; Univ Giessen, Germany; Agr & Agri Food Canada, Canada; Natl Res Council Canada, Canada	加拿大, 德国, 美国	2013	23
Sustainable plant breeding	Canola Breeders Western Australia Pty Ltd, Australia; Univ Western Australia, Australia	澳大利亚	2013	17
Potential to improve oilseed rape and canola breeding in the genomics era	Conicyt Reg, Agri Aquaculture Nutr Genom Ctr CGNA, Chile; Univ Giessen, Germany	德国, 智利	2012	33
Applied genomic selection in layers	Lohmann Tierzucht GmbH, Germany	德国	2012	1
Reanalyses of the historical series of UK variety trials to quantify the contributions of genetic and environmental factors to trends and variability in yield over time	Natl Inst Agr Bot, England	英国	2011	79
A high-density linkage map in Brassica juncea (Indian mustard) using AFLP and RFLP markers	Univ Delhi, India	印度	2003	59

第 6 章　油菜分子育种热点专题分析

菜基因组选择育种相关论文数量较少，绝大部分发表于 2011 年后，且相关文章数量越来越多。从发文国家来看，德国、中国、英国、澳大利亚等为主要研究国家，具体发文量为德国 12 篇、中国 8 篇、英国 5 篇。其中，由澳大利亚、英国和马来西亚合作发表于 2018 年的论文 Speed breeding is a powerful tool to accelerate crop research and breeding 目前已在 WOS 核心合集中被引 97 次，为 Web of Science 核心合集的热点论文和高被引论文，可重点关注。

参 考 文 献

[1] 辛颖. 多措并举推动我国油菜产业尽快转型升级[J]. 中国食品, 2017(5): 84-86.

[2] 谢慧, 谭太龙, 罗晴, 等. 油菜产业发展现状及面临的机遇[J]. 作物研究, 2018, 32(5): 431-436.

[3] 郭燕枝, 杨雅伦, 孙君茂. 我国油菜产业发展的现状及对策[J]. 农业经济, 2016(7): 44-46.

[4] 中华人民共和国国家统计局. 稻谷播种面积、稻谷产量、稻谷单位面积产量[EB/OL]. [2020-04-14]. http://data.stats.gov.cn/easyquery.htm?cn=C01.

[5] United States Department of Agriculture Foreign Agricultural Service. World Agricultural Production[EB/OL]. [2020-04-12]. https://apps.fas.usda.gov/psdonline/circulars/production.pdf.

[6] 范成明, 田建华, 胡赞民, 等. 油菜育种行业创新动态与发展趋势[J]. 植物遗传资源学报, 2018, 19(3): 447-454.

[7] 刘成, 冯中朝, 肖唐华, 等. 我国油菜产业发展现状、潜力及对策[J]. 中国油料作物学报, 2019, 41(4): 485-489.

[8] 中华人民共和国农业农村部. 2018年我国农产品进出口情况[EB/OL]. [2020-04-14]. http://www.moa.gov.cn/ztzl/nybrl/rlxx/201902/t20190201_6171079.htm.

[9] 农全东, 杨永超, 文和明. 双低油菜育种进展[J]. 安徽农业科学, 2014(35): 12434-12436.

[10] 张晓娟, 张羽, 胡胜武. 分子标记在油菜遗传育种中的应用研究进展[J]. 广东农业科学, 2015, 42(19): 14-19.

[11] Girke A., Schierholt A., Becker H. C.Extending the rapeseed genepool with resynthesized Brassica napus L. I: Genetic diversity[J]. Genetic Resources and Crop Evolution, 2012, 59(7): 1441-1447.

[12] Benoit S. Landry, Nathalie Hubert, Takeomi Etoh, John J. Harada, Stephen E.

Lincoln A genetic map for Brassica napus based on restriction fragment length polymorphisms detected with expressed DNA sequences[J]. Genome,1991,34(4): 543-552.

[13] Smooker A. M., Wells R., Morgan C., et al.The identification and mapping of candidate genes and QTL involved in the fatty acid desaturation pathway in Brassica napus[J]. Theor Appl Genet,2011,122(6): 1075-1090.

[14] Chung H., Jeong Y. M., Mun J. H., et al.Construction of a genetic map based on high-throughput SNP genotyping and genetic mapping of a TuMV resistance locus in Brassica rapa[J]. Mol Genet Genomics,2014,289(2): 149-160.

[15] Kumar Paritosh Satish K Yadava, Vibha Gupta, Priya Panjabi-Massand, Yashpal S Sodhi, Akshay K Pradhan, Deepak Pental.RNA-seq based SNPs in some agronomically important oleiferous lines of Brassica rapaand their use for genome-wide linkage mapping and specific-region fine mapping[J]. BMC Genomics,2013,14: 463-475.

[16] Becker M. G., Zhang X. H., Walker P. L., et al.Transcriptome analysis of the Brassica napus-Leptosphaeria maculans pathosystem identifies receptor, signaling and structural genes underlying plant resistance[J]. Plant J,2017,90(3): 573-586.

[17] Behla R., Hirani A. H., Zelmer C. D., et al.Identification of common QTL for resistance to &ITSclerotinia sclerotiorum&IT in three doubled haploid populations of &ITBrassica napus&IT (L.)[J]. Euphytica,2017,213(11): 260-275.

[18] Braatz J., Harloff H. J., Mascher M., et al.CRISPR-Cas9 Targeted Mutagenesis Leads to Simultaneous Modification of Different Homoeologous Gene Copies in Polyploid Oilseed Rape (Brassica napus)[J]. Plant Physiol,2017,174(2): 935-942.

[19] Channakeshavaiah Chikkaputtaiah Johni Debbarma, Indrani Baruah, Lenka Havlickova, Hari Prasanna Deka Boruah, Vladislav Curn.Molecular genetics and functional genomics of abiotic stress-responsive genes in oilseed rape (Brassica napus L.): a review of recent advances and future[J]. Plant Biotechnology Reports,2017,11(6):365-384.

[20] Zhang R. J., Hu S. W., Yan J. Q., et al.Cytoplasmic diversity in Brassica rapa L. investigated by mitochondrial markers[J]. Genetic Resources and Crop

Evolution,2013,60(3): 967-974.

[21] Wu D. Z., Liang Z., Yan T., et al.Whole-Genome Resequencing of a Worldwide Collection of Rapeseed Accessions Reveals the Genetic Basis of Ecotype Divergence[J]. Mol Plant,2019,12(1): 30-43.

[22] Zhao J. Y., Huang J. X., Chen F., et al.Molecular mapping of Arabidopsis thaliana lipid-related orthologous genes in Brassica napus[J]. Theor Appl Genet,2012,124(2): 407-421.

[23] 漆丽萍. 甘蓝型油菜株型与角果相关性状的QTL分析[D]. 武汉: 华中农业大学, 2014.

[24] Hu Jianlin，Guo Chaocheng，Wang Bo Ye Jiaqing.Genetic Properties of a Nested Association Mapping Population Constructed With Semi-Winter and Spring Oilseed Rapes[J]. Front Plant Sci,2018,9: 1740-1753.

[25] Li J., Hong D. F., He J. P., et al.Map-based cloning of a recessive genic male sterility locus in Brassica napus L. and development of its functional marker[J]. Theor Appl Genet,2012,125(2): 223-234.

[26] Chao H. B., Wang H., Wang X. D., et al.Genetic dissection of seed oil and protein content and identification of networks associated with oil content in Brassica napus[J]. Sci Rep,2017,7: 46295-46310.

[27] Zheng M., Peng C., Liu H. F., et al.Genome-Wide Association Study Reveals Candidate Genes for Control of Plant Height, Branch Initiation Height and Branch Number in Rapeseed (Brassica napus L.)[J]. Front Plant Sci,2017,8:1246-1258.

[28] Huang Z., Xiao L., Dun X. L., et al.Improvement of the recessive genic male sterile lines with a subgenomic background in Brassica napus by molecular marker-assisted selection[J]. Mol Breed,2012,29(1): 181-187.

[29] Zhou Q. H., Han D. P., Mason A. S., et al.Earliness traits in rapeseed (Brassica napus): SNP loci and candidate genes identified by genome-wide association analysis[J]. DNA Res,2018,25(3): 229-244.

[30] 陈春燕, 罗颖玲, 李晓. 中国转基因油菜研究现状及发展对策[J]. 湖北农业科学, 2013, 52(16): 3762-3766.

[31] Zheng M., Zhang L., Tang M., et al.Knockout of two BnaMAX1 homologs by

CRISPR/Cas9-targeted mutagenesis improves plant architecture and increases yield in rapeseed (Brassica napus L.)[J]. Plant Biotechnol J,2020,18(3): 644-654.

[32] 王金彪, 何星辉, 高谢旺, 等. 利用CRISPR/Cas9系统定向编辑甘蓝型油菜BnaLCR78基因[J]. 分子植物育种, 2019, 17(20): 6673-6679.

[33] 万丽丽, 王转茸, 辛强, 等. 利用CRISPR/Cas9基因编辑技术创造高油酸甘蓝型油菜新种质[C]. 青岛: 中国作物学会油料作物专业委员会, 2018.

[34] Yang H., Wu J. J., Tang T., et al.CRISPR/Cas9-mediated genome editing efficiently creates specific mutations at multiple loci using one sgRNA in Brassica napus[J]. Sci Rep,2017,7: 7489-7501.

[35] Zhang K., Nie L. L., Cheng Q. Q., et al.Effective editing for lysophosphatidic acid acyltransferase 2/5 in allotetraploid rapeseed (Brassica napus L.) using CRISPR-Cas9 system[J]. Biotechnol Biofuels,2019,12(1): 225-242.

[36] 科技日报. 重要功能基因缺乏制约我国农业发展[EB/OL]. [2020-04-14]. http://scitech.people.com.cn/n/2015/0204/c1057-26502092.html.

[37] 吴为民. 我国科研项目重复申报问题的成因与对策研究[J]. 农业网络信息, 2016(3): 40-43.

[38] 中国青年报. 农业科技论文"数量夺目"背后的"质量隐忧"[EB/OL]. [2020-04-14]. http://henan.sina.cn/edu/news/2019-11-21/detail-iihnzahi2312427.d.html.

[39] 刘勤, 张熠, 杨玉明, 等. 基于专利大数据的油菜产业发展研究[J]. 中国农业科技导报, 2018, 20(10): 1-8.

[40] 成日辉, 匡代勇, 杨源树, 等. 油菜转基因技术研究进展[J]. 现代农业科技, 2016(2): 20-22.

[41] Liu J., Hua W., Hu Z. Y., et al.Natural variation in ARF18 gene simultaneously affects seed weight and silique length in polyploid rapeseed[J]. Proc Natl Acad Sci U S A,2015,112(37): E5123-E5132.